飞机钣金技能教程

主　　编　盛　科　巫小丽

副 主 编　凡进军　江海亮　黄　鹏

参　　编　周密乐　刘文刚　林章辉　谭目发

　　　　　将红卫　许爱军

合作企业　航空工业昌河飞机工业（集团）有限责任公司

　　　　　长沙五七一二飞机工业有限责任公司

主　　审　朱有富

北京理工大学出版社

BEIJING INSTITUTE OF TECHNOLOGY PRESS

内 容 提 要

本书根据航空企业飞机装配、航空器部件修理等职业岗位的飞机钣金工、航空器结构修理工等工种的典型工作任务，对接国家和航空工业的飞机钣金工技能等级认定要求，结合全国职业院校技能大赛"飞机发动机拆装调试与维修"赛项内容，以飞机典型钣金零件制造主要工艺方法为重点，精心设计了飞机钣金工艺基础、飞机样板的制作、飞机蒙皮的制作、飞机桁条的制作、飞机口盖的制作、飞机隔框与翼肋的制作等六个由简单到复杂、能力逐层递进的教学项目。同时，以附件形式呈现了"飞机钣金工技能等级考核标准"，为学习者通过考核、取证提供参考。

本书主要作为飞行器制造技术、飞行器维修技术、飞机机电设备维修、飞机结构修理等专业教材，也可供飞机制造、维修企业的员工培训与复训，部队、民航机务维护人员的专业培训，以及对飞机结构铆接、结构修理技术感兴趣的社会学习者使用。

版权专有　侵权必究

图书在版编目（CIP）数据

飞机钣金技能教程 / 盛科，巫小丽主编. -- 北京：
北京理工大学出版社，2023.8
ISBN 978-7-5763-2777-9

Ⅰ.①飞… Ⅱ.①盛… ②巫… Ⅲ.①飞机－钣金工
－工艺－教材　Ⅳ.①V261.2

中国国家版本馆CIP数据核字（2023）第159043号

责任编辑：阎少华	文案编辑：阎少华
责任校对：周瑞红	责任印制：王美丽

出版发行 /	北京理工大学出版社有限责任公司
社　　址 /	北京市丰台区四合庄路6号
邮　　编 /	100070
电　　话 /	（010）68914026（教材售后服务热线）
	（010）68944437（课件资源服务热线）
网　　址 /	http://www.bitpress.com.cn
版 印 次 /	2023年8月第1版第1次印刷
印　　刷 /	河北鑫彩博图印刷有限公司
开　　本 /	787 mm × 1092 mm　1/16
印　　张 /	13
字　　数 /	278千字
定　　价 /	59.00元

前　言

党的二十大报告指出，"大飞机制造"是"实现一系列突破性进展，取得一系列标志性成果"的典型代表。在航空制造工程中，飞机钣金制造技术是飞机获得高结构效率和优良性能，实现飞机结构特性的重要制造技术之一，也是体现一个国家飞机制造技术水平和能力的主要标志。

随着飞机钣金制造工艺技术的发展，从业人员对钣金知识与技能的实际需求也在不断发生变化。因此，编写一本适合于航空类职业院校专业实训教学的《飞机钣金技能教程》教材，是十分必要且可行的，本书也是基于这一思想，并吸收了国内一些教材、著作及文献资料的核心观点编写而成的。

本书编写遵循了学习者的认知规律，坚持够用、实用的原则，力求使内容简明易懂。为增强内容的前瞻性，体现飞机钣金制造技术的最新发展成果，涉及了航空制造企业的部分新技术、新工艺和新设备。本书主要内容包括飞机钣金工艺的基本知识、加工特点和飞机钣金零件的材料、分类、加工路线的基本环节、变形特点等，让读者初步了解和认识飞机钣金工艺技术的基本知识；本书还着重介绍了几种具有典型代表性的钣金手工件制作方法。在本书编写过程中，编者根据职业院校飞行器数字化制造技术、飞行器维修技术等专业的国家专业教学标准，主要培养学习者使用钣金加工工具与设备进行飞机典型钣金零件成型，并对其加工质量进行检测、处理和分析等能力。同时，在实训项目教学过程中，促进学习者养成良好的质量意识、安全意识、保密意识、诚信意识、规范意识、环保意识、创新思维，具备追求卓越、精益求精、无私奉献的航空工匠精神，爱岗敬业的劳模精神，崇尚劳动的劳动精神，"敬仰航空、敬重装备、敬畏生命"的职业精神和"零缺陷、无差错"的职业素养。

本书由长沙航空职业技术学院盛科、航空工业昌河飞机工业（集团）有限责任公司巫小丽任主编；张家界航空工业职业技术学院凡进军、日照职业技术学院江海亮、长沙航空职业技术学院黄鹏担任副主编；编写团队成员有长沙航空职业技术学院周密乐、刘文刚、林章辉、谭目发、将红卫和长沙五七一二飞机工业有限责任公司许爱军。全书由盛科统稿，长沙航空职业技术学院教务处对本书的编写进行了精心组织筹划和大量的协调工作，中国人民解放军第五七〇二工厂高级工程师朱有富仔细审阅了全稿，并提出了许多具体的修改意见，编者在此一并表示衷心的感谢。在编写本书过程中，编者参考了部分国内高等院校的相关教材和文献资料，在此谨对原作者深表感谢。

由于编者水平有限，书中不妥和疏漏之处在所难免，恳请读者不吝赐教。

编　者

目 录 Contents

03

04

05

06 项目6 飞机隔框、翼肋的制作

飞机钣金工艺基础

1.1 学习目标

知识目标

（1）掌握飞机钣金工艺的定义；

（2）熟悉飞机钣金零件的分类；

（3）了解钣金零件加工路线的基本环节及钣金零件变形的基本特点；

（4）掌握常用金属材料的种类和力学性能。

能力（技能）目标

（1）能描述飞机钣金工艺的特点；

（2）能根据零件图上提供材料代号选择钣金零件加工基本路线及加工方法；

（3）能根据零件图上提供材料代号选择正确的材料。

素质目标

（1）养成热爱科学、实事求是的学风；

（2）具备严谨、细心、全面、追求高效、精益求精的职业素质；

（3）具备良好的道德品质、沟通协调能力和团队合作精神，极强的敬业精神。

职业素养及安全文明生产

（1）坚持安全、文明生产规范，严格遵守车间制度和劳动纪律；

（2）着装规范（工作服、劳保鞋），不携带与生产无关的物品进入车间；

（3）实训现场工具、量具和刀具等相关物料定制化管理；

（4）线上资源浏览：飞机钣金制造过程——热爱航空的情怀；

（5）工具准备：落实工具"三清点"制度；

（6）正确识别图纸：严谨细致，按章操作；

（7）尺寸检查：零缺陷、无差错的质量意识；

（8）培养勤学好问、勤于思考、规范操作、严谨工作的求学态度。

1.2 任务描述

从目前来看，航空材料已经成为材料科学的一个极为重要的独立分支。人们常说，"一代材料，一代飞行器"，可见航空材料在一定程度上对飞机的发展和创新起到决定作用。当然航空材料的发展和进步，也反映了一个国家的结构材料的技术水平。

一百多年来，飞机机体的航空材料结构经历了四个阶段，现在已经跨入了第五阶段了。

第一阶段始于 1903 年，止于 1919 年。这一阶段是木、布结构。

第二阶段始于 1920 年，到 1949 年。这一阶段是铝、钢结构。

第三阶段是铝、钛、钢结构。始于 1950 年，止于 1969 年。

第四阶段从 1970 年到 21 世纪初，是铝、钛、钢、复合材料结构，以铝为主。

第五阶段是从 21 世纪初至今，这一阶段是复合材料、铝、钛、钢结构。以复合材料为主。

一个多世纪以前，即 1903 年 12 月，莱特兄弟在北卡罗来纳州基蒂霍克的莱特飞行器上进行了首次载人飞行。它是第一架有动力、可控、比空气重的飞机。这架飞机是在重要部件上使用木材、电线和织物建造的。莱特兄弟时代，各种类型的木材、金属线和不同密度的织物被用来制造莱特飞行器。

现代机身在 20 世纪中期，航空制造商加强了机身设计，将速度和安全性结合起来。早期设计的重大进步使飞机能够以更高的速度飞得更高。福特 Tri-Motor 是第一架客机，于 1928 年由铝制成。制造商通过在设计中加入各种金属合金来加强结构强度。大量使用其他金属（包括钢和钛）用于结构的做法始于当时更现代的喷气客机。波音 747 主要由铝制成，部分部件采用其他金属和合金。这些金属耐热、耐腐蚀，为机身提供了巨大的强度。通过坚固的设计，制造商确保即使部分结构失效，也不会发生结构的完全失效。如果机身的特定部分因疲劳而破裂，机身的受压蒙皮将防止整个结构失效。

从以上可以看出掌握各种金属材料的代号及金属性能就是我们每一个学生必须掌握的基本技能。

1.2.1 问题提出

飞机钣金制造技术是航空航天制造工程的一个重要组成部分，是实现飞机结构特性的重要制造技术之一。现代飞机的壳体主要是钣金铆接结构，统计资料表明，钣金零件约占飞机零件数量的 50%，钣金工艺装备占全机制造工艺装备的 65%，其制造工作量占全机工作量的 20%。鉴于飞机的结构特点和独特的生产方式决定了飞机钣金制造技术不同于一般机械制造技术。而了解金属材料的性能，认识各种金属牌号是每个学生必需掌握的重要能力。

1.2.2 案例导入

图片、实物展示：根据所提供的零件图 1-1，分析该零件所用材料编号，选择合适的材料，并写出该材料的基本力学性能及热处理状态等。

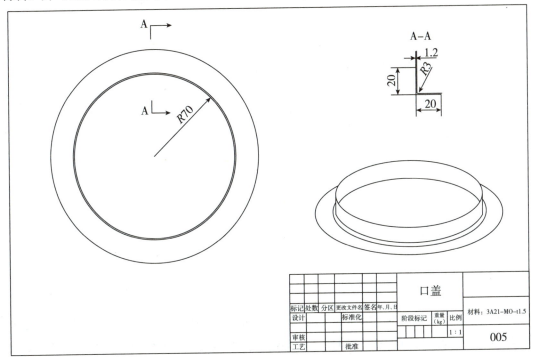

图 1-1 某型飞机口盖制作图纸

识读图纸（图 1-2）、实物情况，建立直观映像，跟随教师呈现问题思路，体验问题情境。

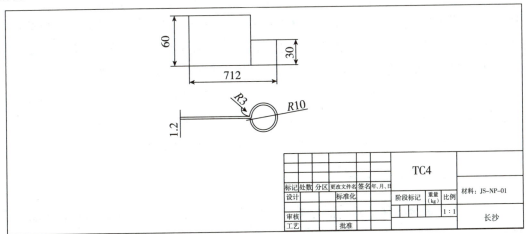

图 1-2 某型飞机铰链图纸

1.2.3 发布工作任务卡

表1-1 工作任务卡

任务编号	1-1		任务难度	初级工
任务名称	飞机钣金零件材料牌号识读			
工作区域	飞机数字化装配实训中心——教学区			
建议学时	4学时			
工作任务				
根据下列牌号写出金属种类、状态、是否需要热处理等相关数据。				

材料牌号	金属种类	状态	抗拉强度/（N/mm）	屈服强度/（N/mm）	断后伸长率/%	断面收缩率/%	热处理
3A21—MO—1.5							
7A04—CS—1.2							
TC4							

1.3 知识链接

1.3.1 飞机钣金工艺的特点

（1）钣金零件构成飞机机体和气动外形。钣金零件的尺寸大小不一，形状复杂，选材各异，产量不等，品种繁多。目前，国产小型飞机钣金零件大约有6 000项，大型飞机钣金零件大约有20 000项。飞机钣金零件形状复杂，质量控制严格，有一定的使用寿命要求，对成型后的零件有明确的力学性能和物理性能的要求，与其他行业的钣金零件相比，技术要求高，加工难度大。

（2）钣金零件的制造是以专用设备为主，配合手工技艺和经验操作来实现的。钣金专用设备是飞机钣金工艺技术发展的标志和工艺技术预研成果的载体，对零件成型质量有着决定性的作用。这些设备的研制周期长，技术含量高，投资巨大，社会需求量小，设备利用率不高，设备的更新较慢，这就要求技术工人必须具有良好的手工技艺。

（3）飞机钣金零件使用的工艺装备数量很大。由于钣金零件在加工过程中变形大，只有使用足够数量的工艺装备才能满足设计技术要求，因此生产准备工作繁重。

（4）广泛采用样板、模胎和检验型板等刚性量具进行检验工作。

1.3.2 飞机钣金零件的分类

（1）按飞机钣金零件结构特征分类，飞机钣金零件有蒙皮、隔框、壁板、翼肋、导管等。

（2）按飞机钣金零件材料品种分类，飞机钣金零件基本上可分为型材零件、板材零件和管材零件三大类，每类材料零件又可进一步细分（图1-3）。

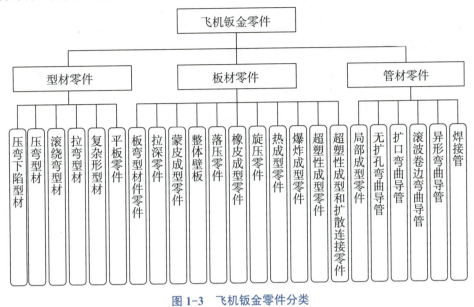

图1-3　飞机钣金零件分类

1.3.3　钣金零件加工路线的基本环节

成千上万的钣金零件，制造方法多种多样，但它们的加工路线基本相同，一般要经过下料→成型→热处理→校修→表面保护几个环节。以整流罩为例（图1-4），它的制造过程大致如下：首先用剪床裁出一个梯形的平板毛料［图1-4（a）］，再用模具压制成型，得出如图1-4（b）所示的半成品。其次根据材料性质和零件的技术要求进行热处理。热处理后往往产生翘曲变形，必须加以校正、整修，然后切割边沿、钻孔。最后进行表面耐腐蚀处理（如阳极化）。从整流罩零件的制造过程可以看出，将平板毛料用模具压制成型得到如图1-4（b）所示的半成品，是整个制造过程中的中心环节，它在制造过程中起决定性的作用。因此，当研究钣金零件的制造工艺时，应着重研究不同零件的成型方法。

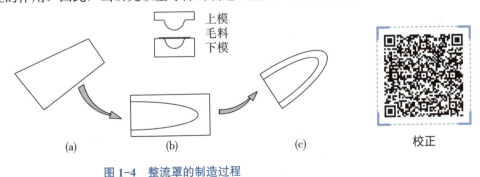

图1-4　整流罩的制造过程

（a）剪出平板毛料；（b）压制出半成品；（c）成品

1.3.4 钣金零件变形的基本特点

钣金零件的种类繁多，形式各异，成型方法多种多样，但最基本的变形方式（表1-2）不外乎弯曲、翻边、拉深、局部成型（或胀形）。当板料成型时，材料的变形区往往是以上几种基本变形方式的复杂组合。图1-5所示的框板，外缘相当于拉深，内缘相当于翻边，而腹板上兼有翻边与局部成型。因此，当分析一个具体的钣金零件时，一方面必须将不同变形性质的部分加以明确区分，利用弯曲、翻边、拉深、局部成型等基本变形方式，作为分析零件变形特点的主要依据；另一方面还应必须注意它们之间的相互联系，不能将不同变形性质的部分作为一个个单纯的基本变形方式孤立地看待。

表 1-2　钣金零件的基本变形方式

变形方式	图例	变形程度
弯　曲		相对弯曲半径 $\dfrac{R}{t}$
翻　边		翻边系数 $m=\dfrac{d_0}{D}$
压　延		拉深系数 $k_z=\dfrac{d}{D_0}$
膨　胀		膨胀系数 $K_f=\dfrac{D_{max}}{D_0}$
局部抽芯		平均断后伸长率 $A=\dfrac{l-l_0}{l_0}$ 相对高度 $\dfrac{h}{d}$

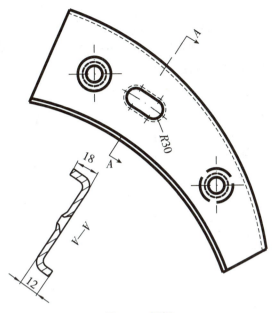

图 1-5 框板

钣金零件的成型方法虽然很多，但从板料的变形性质来看，无非是"收"和"放"两种。所谓"收"，就是依靠板料的收缩变形来成型零件，"收"的特点表现为板料纤维缩短，厚度增加。"收"的主要障碍是起皱。所谓"放"，就是依靠板料的拉伸变形来成型零件，"放"的特点表现为板料纤维伸长，厚度减薄。"放"的主要障碍是拉裂。例如，外缘为"收"，翻边、局部成型为"放"，弯曲中性层以内为"收"，弯曲中性层以外为"放"。

1.3.5 飞机钣金零件常用材料

飞机钣金零件常用材料的种类很多，一般可分为铝及铝合金、镁合金、钛及钛合金、碳素钢、铜合金、合金钢及不锈钢等。其品种有各种规格尺寸的板材、型材、管材等。常用金属材料的种类和力学性能见表 1-3。

表 1-3　常用金属材料的种类和力学性能

金属种类	材料牌号	状态	抗拉强度 /（N/mm）	屈服强度 /（N/mm）	断后伸长率 /%	断面收缩率 /%	热处理
防锈铝	3A21（LF21）	M	100~150	50	22~20	70	不能淬火强化
		Y	190		1~4		
	5A02（LF2）	M	167~225	98	16~18		
	5A03（LF3）	M	200	100	15		
		Y	230	200	8		
	5A06（LF6）	M	320	160	15		

7

金属种类	材料牌号	状态	抗拉强度/（N/mm）	屈服强度/（N/mm）	断后伸长率/%	断面收缩率/%	热处理
硬铝	2A12（LY12）	M	215		14		可以淬火强化
		CZ	407	270	13		
	2A16（LY16）	M	235		15		
超硬铝	7A04（LC4）	M	245		10	50	可以淬火强化
		CZ	480	402	7		
铜合金	H62	M					不能淬火强化
	H68	M					
镁合金	MB8	M	225	120	12	30	不能淬火强化
		CZ	245	155	10	25	
钛合金	TC1	M	600~700		25~20		不能淬火强化
	TC4	M	900~920		12~10		
碳素钢	45	M	539~686		16		不能淬火强化
不锈钢	1Cr18Ni9Ti	软化	530		10		不能淬火强化
合金钢	30CrMnSi		539~736		16		

材料的状态用一定的符号表示，例如，M 表示材料处于退火状态；CZ 表示淬火后自然时效；CS 表示淬火后人工时效；MO 表示优质表面退火；Y 表示冷作硬化；CO 表示优质表面淬火自然时效；Y2 表示半冷作硬化；XC 表示型材；G 表示管料。

状态符号置于材料牌号的后面，例如，3A21—MO—t1.5 表示优质表面退火状态的 21 号防锈铝板材，板厚为 1.5 mm；7A04—CS—t1.2 表示淬火后人工时效状态的 4 号超硬铝板材，板厚为 1.2 mm。

1.3.6　高碳钢、低碳钢对应的公司常用材料牌号列表

高碳钢、低碳钢对应的公司常用材料牌号见表 1-4。

表 1-4　高碳钢、低碳钢对应的公司常用材料牌号

序号	材料种类	图纸标注牌号	实际可使用的材料牌号	材料规格/mm	材料大类
1	耐指纹电镀锌钢板	DX2	SECC-N2MSE-CC-U	0.8, 1.0, 1.2, 1.5, 2.0, 2.5	低碳钢
2	热浸锌板	DX2	GISt02Z		低碳钢
3	覆铝锌板	DX2	CS（TAPEA）		低碳钢

序号	材料种类	图纸标注牌号	实际可使用的材料牌号	材料规格 /mm	材料大类
4	耐指纹电镀锌钢板	DX2	SECC		低碳钢
5	磷化镀锌钢板	DX2	SECC-P；BLCE+Z-P		低碳钢
6	冷轧钢板	08	SPCC		低碳钢
7	磷化镀锌钢板	08	SECC-P		低碳钢
8	韩国镀锌钢板	08	SECC	0.8，1.0，1.2，1.5，2.0，2.5	低碳钢
9	冷轧钢板	08	08F		低碳钢
10	冷轧钢板	08	08		低碳钢
11	冷轧钢板	08	10F		低碳钢
12	冷轧钢板	08	10		低碳钢
13	冷轧钢板	08	15F		低碳钢
14	热轧钢板	Q235A	Q235A		低碳钢
15	热轧钢板	Q235A	20	3.0，4.0，6.0	低碳钢
16	热轧钢板	Q335A	35		低碳钢
17	热轧钢板	Q235A	25		低碳钢
18	镀锡钢板（马口铁）	E1-T52	SPTE2.8/2.8T-2.5	0.4	低碳钢
19	弹簧钢板（热轧）	65Mn	65Mn	0.1	高碳钢
20	弹簧钢板（热轧）	65Mn	60Si2Mn	0.1	高碳钢
21	不锈钢板（冷轧）	1Cr18Ni9	SUS302	0.2，0.3	低碳钢
22	不锈钢板 / 带（冷轧）	1Cr18Ni9	1Cr18Ni9Ti	0.2，0.3	低碳钢
23	不锈钢板 / 带（冷轧）	1Cr18Ni9	0Cr18Ni9	0.2，0.3	低碳钢
24	不锈钢带（冷轧）	1C17Ni7-Y	SUS301	0.06，0.08，0.1	高碳钢
25	不锈钢带（冷轧）	1Cr17Ni7-Y	0Cr17Ni7Al（沉淀硬化）	0.06，0.08，0.1	高碳钢
26	不锈钢带（冷轧）	1Cr17Ni7-DY	SUS301	0.08	高碳钢
27	不锈钢带（冷轧）	1Cr17Ni7-DY	1Cr17Ni7	0.08	高碳钢
28	不锈钢带（冷轧）	1Cr17Ni7-DY	0Cr18Ni9	0.08	高碳钢

1.3.7 金属变形基本理论

钣金工作就是使金属材料在常温下（或加热时）变形，从而得到所需零件形状的工作。钣金工作最大的特点是使金属材料变形，而变形必然引起金属内部结构变化。要做好钣金工作，必须了解变形对结构的影响，以便有效地利用它。

1. 外力和应力

在钣金成型过程中为使板料变成所需形状，就要采用各种工艺方法（如弯曲、拉深等）对板料施加一定的力，这种在加工过程中对材料施加的力称为外力。板料在外力作用下会发生变形，其内部各质点间的相对位置将会发生变化，各质点必然相互作用阻止其变化。这种原子间相互作用阻止材料变形的力称为内力，其数值大小和外力相等。在钣金工艺中，应力是指作用在材料单位横截面面积上的内力，用 R 表示：

$$R=\frac{F}{S}$$

式中　R——应力（Pa）；

　　　F——外力（N）；

　　　S——横截面面积（m^2）。

2. 金属的晶体结构

固体金属都是晶体结构，金属的晶体结构是指晶体原子的排列方式。晶格是描述原子排列规律的空间格架。能够完整地反映晶体晶格特征的最小几何单元称为晶胞。金属的种类很多，但常见的晶格类型只有以下三种。

（1）体心立方晶格。体心立方晶格的晶胞是一个立方体，原子位于立方体的八个顶点和立方体的中心（图 1-6）。其典型金属有钨、钼、钒、铌、钽及 α-Fe 等。体心立方晶格有六个滑移面和两个滑移方向，原子密度最大的平面称为滑移面，滑移面上原子密度最大的方向称为滑移方向（图 1-7）。滑移面和滑移方向数值的乘积称为滑移系，体心立方晶格的滑移系为 6×2=12（个）。

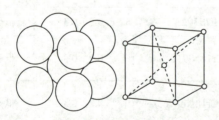

图 1-6　体心立方晶格

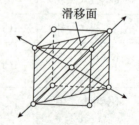

图 1-7　立方晶格的滑移面和滑移方向

（2）面心立方晶格。面心立方晶格的晶胞是一个立方体，原子位于立方体的八个顶点和立方体六个面的中心。其典型金属有金、银、铜、铝、铅、镍及 γ-Fe 等。面心立方晶格有四个滑移面和三个滑移方向，其滑移系为 4×3=12（个）（图 1-8）。

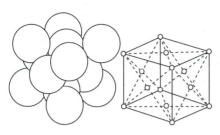
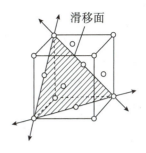

图 1-8　面心立方晶格

（3）密排六方晶格。密排六方晶格的晶胞是一个正六棱柱，原子除排列于柱体的每个顶点和上、下两个底面的中心外，正六棱柱的中心还有三个原子。其典型金属有镁、铍、镉、锌等。密排六方晶格有一个滑移面和三个滑移方向，其滑移系为 1×3=3（个）（图 1-9）。

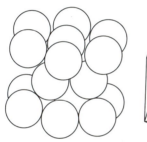
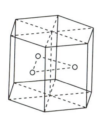
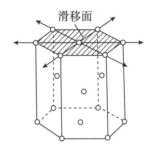

图 1-9　密排六方晶格

当在其他条件相同时，金属晶体的滑移系越多，金属的塑性就越好。

3. 金属的变形

金属在外力的作用下发生形状的改变，这种性质叫作变形。变形一般包括弹性变形和塑性变形两个发展阶段。弹性变形是组成晶格的原子在外力作用下被迫离开原来的平衡位置，在外力消失后，原子又能恢复到原来的平衡位置。这种外力去除后能消失的变形称为弹性变形。塑性变形则是原子被迫离开原来的平衡位置后，达到一个新的平衡位置，在外力消除后，原子不能回到原来的平衡位置。这种当外力去除后不能消失而残留下来的永久变形称为塑性变形，它是冷加工所需要的。金属的塑性变形主要是通过滑移和孪动两种方式进行的。

（1）滑移。晶内滑移简称滑移，是指在外力作用下，晶体的一部分沿一定的滑移面和这个晶面上的一定的滑移方向，相对其另一部分产生有规律的相对移动。

滑移的结果是使原子逐步地从一个稳定位置移动到另一个稳定位置，晶体产生宏观的塑性变形。滑移时原子移动的距离是原子间距的整数倍，滑移后晶体各部分的位向仍然一致，如图 1-10 所示。

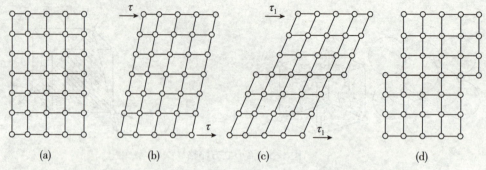

(a)　　　　　(b)　　　　　(c)　　　　　(d)

图 1-10　晶体在切应力作用下的变形

滑移后，在金属的内部和表面会出现许多纹路，这些纹路称为滑移线。滑移线实际上是滑移后在晶体表面留下的小台阶。相互靠近的一组小台阶宏观上反映出一个大台阶，这个大台阶称为滑移带，如图 1-11 所示。一般来说，面心立方和体心立方金属的滑移系较多，因此，比密排六方金属的塑性好，但金属塑性的好坏，不仅取决于滑移系的多少，还与其他因素有关。

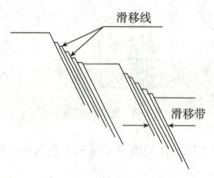

图 1-11　滑移带和滑移线

（2）孪动。晶体的另一种塑性变形方式是孪动，又称孪生或孪晶。它不是塑性变形的主要方式，但它能造成破坏。孪动是金属在一定的外力作用下，晶体的一部分相对于另一部分沿着一定的晶面和方向发生转动，其结果是晶体的一部分与原晶体处于对称位置。

孪动与滑移的主要区别如下：

①滑移过程是渐进的，而孪动过程是突然发生的。例如，金属锡在孪动过程中，能听到一种清脆的声音，称为"锡鸣"。

②在微观方面，滑移时晶格两部分相对于滑移面的切变量是原子间距的整数倍，滑移不会引起晶格取向的变化；而孪动时切变量是原子间距的分数倍，并且各晶面相对于孪生面的切变量和它与孪生面的距离成正比，也正是由于这个原因，孪动才会引起晶格取向的变化，如图 1-12 所示。

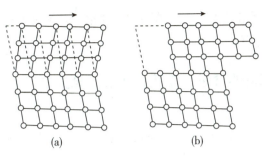

图 1-12　孪动与滑移的区别

（a）孪动；（b）滑移

4. 加工硬化

金属经塑性变形后，其力学性能、物理性能和化学性能都要发生变化，而力学性能的变化是最值得注意的。

力学性能的变化表现在随着变形程度的增加，金属的强度和硬度逐渐升高，而塑性和韧性逐渐降低，这种现象称为加工硬化或冷作硬化。产生加工硬化的原因是晶体塑性变形时，晶粒内部的晶格发生歪扭，使滑移面凹凸不平，造成滑移困难，变形抗力增大，故强度和硬度增加；又因为晶格的畸变，晶界受损，塑性降低。

金属的加工硬化现象在生产中有着非常重要的意义。首先，它是强化金属材料的一种主要的工艺方法，也是零件能够成型的重要因素。在图 1-13 所示的冷冲压过程中，由于 r 处变形最大，金属在 r 处变形到一定程度后，首先产生加工硬化，使随后的变形转移到其他部分，这样便可得到壁厚均匀的冲压件。加工硬化还能保证零件在服役时的安全性，由于零件的形状或服役时承受荷载的变化，在零件某些部位会出现应力集中或零件暂时出现过载现象。这些部位会发生微量的塑性变形，便产生了加工硬化效应，进而强度得到提高，变形就自行终止，从而保证了零件服役时的安全性。但加工硬化也有它不利的一面，当冷变形时，随着变形程度的增加，材料的强度增加，而塑性降低到不能再继续变形，若继续加工，就会使零件开裂。手工成型零件对此体会最深，板料越敲越硬，猛敲时板料甚至开裂。消除加工硬化的方法是将材料加热，然后随炉冷却（常说的退火），使晶体内

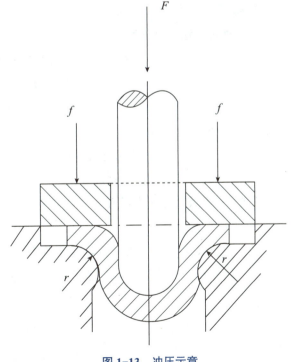

图 1-13　冲压示意

部晶格的畸变恢复，然后继续加工。要消除加工硬化，必须对半成品进行中间退火，这样就增加了生产成本，降低了生产率。

1.3.8 钣金加工基本要求、常用公式及计算方法

1. 钣金加工基本要求

（1）在生产中，每个员工对每道工序都必须按图纸、工艺、标准进行加工；当图纸与工艺不符合时以工艺为准。

（2）图纸、工艺有公差标注要求时，按公差要求加工。

（3）图纸、工艺未注公差时，按《一般公差 未注公差的线性和角度尺寸的公差》（GB/T 1804—2000）m 级加工。

（4）当图纸标注尺寸及公差与工艺要求尺寸及公差不一致时，按工艺要求加工。

（5）未注公差要求的孔，按《一般公差 未注公差的线性和角度尺寸的公差》（GB/T 1804—2000）m 级的正公差并偏上加工。

（6）各种铝合金面板，外形未注公差时，按《一般公差 未注公差的线性和角度尺寸的公差》（GB/T 1804—2000）f 级的负差且偏下加工。

（7）对于压铆后折弯的工艺顺序，在编排工艺时要特别小心，太小的折边压铆后折弯会发生干涉。

（8）板材厚折边又太小的情况，必须将无法折到位的局部尺寸留多点余量，折弯后再冲掉或铣掉多余量。

2. 展开的计算法

（1）外尺寸法展开长度。

$$L= 料外 1+ 料外 2+\cdots+ 料外 n- 补偿量 K_n$$

$$L=L_1+L_2+\cdots+L_N+L_R-L_n$$

$$L_R= \pi R/2$$

式中　L——展开总尺寸；

　　　L_1，L_2，$\cdots$，L_n——折弯外尺寸；

　　　R——大于板厚的内圆角尺寸；

　　　K——系数（查折弯系数 K、K' 一览表）；

　　　n——折弯个数。

（2）板材 K 系数见"折弯系数 K 一览表"

（3）折弯尺寸计算范例。用展开尺寸经验公式计算机柜立柱展开尺寸（图 1-14）：

$$L=L_1+L_2+\cdots+L_N+L_R-K_n$$

$$L_R= \pi R/2$$

式中　L_1，L_2，$\cdots$，L_N——折弯外尺寸；

　　　R——（内缘半径 $+T/3$）；

n——折弯半径小于板厚的折弯个数；

T——板厚；

K——每折一个弯减去值（查表）。

$$L=25+17+42+（50-10-2）+\pi\times（10+T/3）/2+$$
$$（47-10-2）+15+25+15-3.34\times6$$

$$=208.71（mm）$$

由于折弯刀长期使用造成磨损，故取 $R=0.6$ mm；折弯下模槽宽采用5T（5×板厚）。

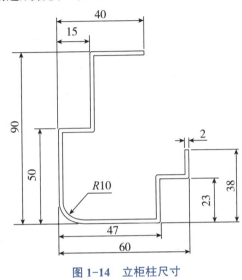

图 1-14　立柜柱尺寸

（4）压死边折弯系数 $K=0.43T$。

（5）内尺寸法展开长度。

$$L=料内+料内+补偿量$$

（6）折弯尺寸计算范例。

用展开尺寸经验公式计算机柜立柱展开尺寸：

$$L=L_1+L_2+\cdots+L_N+L_R+K'n$$
$$L_R=\pi R/2$$

式中　L_1，L_2，…，L_N——折弯内尺寸；

　　　R——（内缘半径 +$T/3$）；

　　　n——折弯半径小于板厚的折弯个数；

　　　T——板厚；

　　　K'——每折一个弯的补偿值（查表）；

$L=23+13+38+（50-10-2-2）+\pi\times（10+T/3）/2+（47-10-2-2）+11+21+13+0.66\times6$

$$=208.71（mm）$$

由于折弯刀长期使用造成磨损，故取 $R=0.5$ mm；折弯下模槽宽采用5T（5×板厚）。

3.各种折弯情况按内尺寸细解表

折弯加工顺序的基本原则：

（1）由内到外进行折弯。

（2）由小到大进行折弯。

（3）先折弯特殊形状，再折弯一般形状。

（4）前工序成型后对后继工序不产生影响或干涉。

加工尺寸见表1-5。

表1-5　加工尺寸

一般折弯1（$R=0$，$\theta=90°$）： $$L=A+B+K'$$ （1）当$0 < T < 0.3$时，$K'=0$ （2）对于铁材（如GI、SGCC、SECC、CRS、SPTE、SUS等）： 1）当$0.3 < T < 1.5$时，$K'=0.4T$ 2）当$1.5 \leqslant T < 2.5$时，$K'=0.35T$ 3）当$T \geqslant 2.5$时，$K'=0.3T$ （3）SUST> 0.3时，$K'=0.25T$ （4）对于其他有色金属材料（如A1、Cu）： 当$T > 0.3$时，$K'=0.5T$ 注：$T=$材料厚度； K'为每折一个弯的补偿值； θ为弯折角度	
一般折弯2（$R \neq 0$，$\theta=90°$）： $$L=A+B+K'$$ K'值取中性层弧长 （1）当$T < 1.5$时，$K'=0.5T$ （2）当$T \geqslant 1.5$时，$K'=0.4T$ （3）$T=$材料厚度。 注：当用折弯刀加工时，$R \leqslant 2.0$，$R=0°$处理	
一般折弯3（$R=0$，$\theta \neq 90°$）： $$L=A+B+K'$$ （1）当$T \leqslant 0.3$时，$K'=0$ （2）当$T > 0.3$时，$K'=(\theta/90) \times K$ 注：K为$90°$时的补偿量	

一般折弯（$R \neq 0$，$\theta \neq 90°$）：

$$L = A + B + K'$$

（1）当 $T < 1.5$ 时，$K' = 0.5T$

（2）当 $T \geqslant 1.5$ 时，$K' = 0.4T$

K' 值取中性层弧长。

注：当 $R < 2.0$，且用折刀加工时，则按 $R = 0$ 来计算，A、B 依倒零角后的直边长度取值

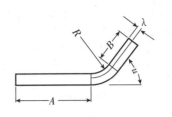

Z 折 1（直边段差）：

（1）当 $H \geqslant 5T$ 时，分两次成型时，按两个 90° 折弯计算。

（2）当 $H < 5T$ 时，一次成型，$L = A + B + K$。

（3）$T =$ 材料厚度

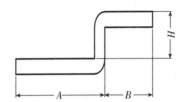

Z 折 2（非平行直边段差）：

展开方法与平行直边 Z 折方法相同（如上栏），高度 H 取值见图示

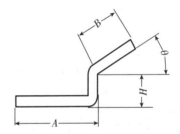

Z 折 3（斜边段差）：

（1）当 $H < 2T$ 时：

①当 $\theta \leqslant 70°$ 时，按 Z 折 1（直边段差）的方式计算，即展开长度 = 展开前总长度 $+K'$（此时 $K' = 0.2$）。

②当 $\theta > 70°$ 时，完全按 Z 折 1（直边段差）的方式计算。

（2）当 $H/2T$ 时，按两段折弯展开（$R = 0$，$\theta \neq 90°$）。

（3）$T =$ 材料厚度。

（4）$y = T/2$（y 为板料中性层厚度）

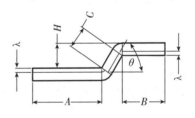

Z 折 4（过渡段为两圆弧相切）：

（1）$H \leqslant 2T$，段差过渡处为非直线段，为两圆弧相切展开时，则取两圆弧相切点处作垂线，以保证固定边尺寸偏移一个料厚处理，然后按 Z 折 1（直边段差）方式展开。

（2）$H > 2T$，请示后再行处理

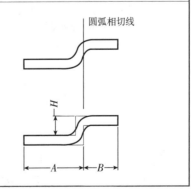

圆弧相切线

抽孔：

抽孔尺寸计算原理为体积不变原理，即抽孔前后材料体积不变；一般抽孔，按下列公式计算，式中参数见右图（设预冲孔为 X，并加上修正系数 -0.1）。

（1）若抽孔为抽牙孔（抽孔后攻牙），则 S 按下列原则取值：

$T \leqslant 0.5$ 时，取 $S=100\%T$

$0.5 < T < 0.8$ 时，取 $S=70\%T$

$T \geqslant 0.8$ 时，取 $S=65\%T$

（2）若抽孔用来铆合，则取 $S=50\%T$，$H=T+T'+0.4$

（注：T' 是与之相铆合的板厚，抽孔与色拉孔的间隙为单边 $0.10 \sim 0.15$）。

（3）若原图中抽孔未作任何标识与标注，则保证抽孔后内外径尺寸。

（4）当预冲孔径计算值小于 1.0 时，一律取 1.0

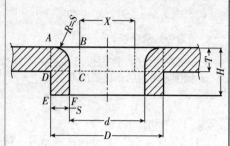

反折压平：

$$L=A+B-0.43T \quad (K'=0.43T)$$

（1）压平时，可视实际的情况考虑是否在折弯前压线，压线位置为折弯变形区中部；

（2）反折压平一般分两步进行：

1）V 折 $30°$。

2）反折压平。

故在作展开图折弯线时，须按 $30°$ 折弯线画，如图所示

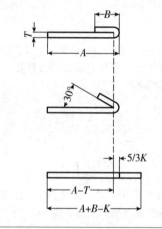

N 折：

（1）当 N 折加工方式为垫片反折压平，则按 $L=A+B+K$ 计算。

（2）当 N 折以其他方式加工时，展开算法参见"一般折弯（$R \neq 0$，$\theta \neq 90°$）"。

（3）如果折弯处为直边（H 段），则按两次折弯成型计算：$L=A+B+H+2K$（$K=90°$）

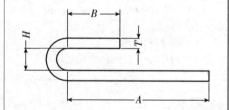

备注：

a. 标注公差的尺寸设计值：取上下极限尺寸的中间值作设计标准值。

b. 对于方形抽孔和外部包角的展开，其角部的处理方法另行通知，其直壁部分按 $90°$ 折弯展开

4. 常见展开标准数据

（1）直边段差展开系数（表 1-6）。

表 1-6 直边段差展开系数

H ＼ T	0.5	0.8	1.0	1.2	1.5	1.6	2.0	3.2
0.5	0.1							
0.8	0.2	0.1	0.1					
1.5	0.5	0.2	0.2	0.2	0.2	0.2		
1.0	1.0	0.7	0.5	0.3	0.3	0.3	0.3	0.2
2.0	1.5	1.2	1.0	0.8	0.5	0.4	0.4	0.3
2.5	2.0	1.7	1.5	1.3	1.0	0.9	0.5	0.4
3.0	2.5	2.2	2.0	1.8	1.5	1.4	1.0	0.5
3.5		2.7	2.5	2.3	2.0	1.9	1.5	0.6
4.0		3.2	3.0	2.8	2.5	2.4	2.0	0.8
4.5		3.7	3.5	3.3	3.0	2.9	2.5	1.3
5.0			4.0	3.8	3.5	3.4	3.0	1.8

（2）N 折展开系数（表 1-7）。

表 1-7　N 折展开系数

H ＼ T	0.5	0.8	1.0	1.2	1.5
0.5	1.50	1.92	2.20	2.41	2.72
0.6	1.66	2.08	2.37	2.57	2.88
0.7	1.82	2.24	2.54	2.73	3.04
0.8	1.98	2.40	2.71	2.89	3.21
0.9	2.14	2.56	2.88	3.05	3.37
1.0	2.30	2.72	3.05	3.21	3.53
1.2	2.63	3.00	3.31	3.53	3.81
1.5	3.12	3.48	3.70	3.90	4.22

1.4.1 操作过程中的安全注意事项

个人防护用品如图 1-15~ 图 1-17 所示。

图 1-15 工作服

图 1-16 棉线手套

图 1-17 护目镜

防护用品佩戴和使用要求如下：

（1）进入实训场地必须穿着工作服（图 1-15）；

（2）开始实训必须穿戴棉线手套（图 1-16）；

（3）使用砂轮机或气枪时必须戴好护目镜（图 1-17）；

（4）进入实训场地禁止佩戴吊牌工作卡，防止机器缠绕（图 1-18）。

图 1-18 胸卡佩戴

1.4.2 实施过程

1. 识读工卡

识读工卡，确认工卡内容与工作内容是否一致。

2. 查找工具书

检查材料牌号、热处理状态，如图 1-19 所示。

3. 找到材料的供应状态

（1）通过查找工具书得知材料的供应状态。材料的供应状态用一定的符号表示。

例如：

M 表示材料处于退火状态；

CZ 表示淬火后自然时效；

CS 表示淬火后人工时效；

MO 表示优质表面退火；

Y 表示冷作硬化；

CO 表示优质表面淬火自然时效；

图 1-19　查找工具书检查材料

Y2 表示半冷作硬化；XC 表示型材；

G 表示管料。

（2）状态符号置于材料牌号的后面。

如：

$$3A21—MO—t1.5$$

表示表面优质退火状态的 21 号防锈铝板材，板厚为 1.5 mm。为 AL-Mn 系合金：在退火状态有很高的塑性，在半冷作硬化时塑性尚好，冷作硬化时塑性低，耐腐蚀好，焊接性良好，可切削性能不良。

$$7A04—CS—t1.2$$

表示淬火后人工时效状态的 4 号超硬铝板材，板厚为 1.2 mm。7A04 铝合金属 Al-Zn-Mg-Cu 系超高强度铝合金，为最常用的超硬铝，是超硬铝中相当成熟，是使用较久和较广的一个合金，强度高，热处理强化效果好，是一种铝合金类型。

$$TC4—t1.2$$

表示钛合金，板厚为 1.2 mm。钛合金 TC4 材料的组成为 Ti-6Al-4V，属于 ($\alpha+\beta$) 型钛合金，具有良好的综合力学机械性能。比强度大。TC4 的强度 $sb=1.012$ GPa，密度 $g=4.51$ g/cm³，比强度 $sb/g=23.5$，而合金钢的比强度 sb/g 小于 18。钛合金热导率低。钛合金的热导率为铁的 1/5、铝的 1/10，TC4 的热导率 $l=7.955$ W/m·K。

1.5 考核与评价

金属材料的选择和认知直接关系到飞机零件的力学性能和物理性能的要求，与其他行业的钣金零件相比，技术要求高、质量控制严格。对零件材料选择和热处理状态选择错误实施"零容忍"失误（表1-8）。

表1-8 评分表及扣分理由

类别	扣分值	理由	备注
金属种类	填写错误记0分	零容忍	
状态	填写错误扣10分		
抗拉强度	填写错误扣10分		
屈服强度	填写错误扣10分		
断后伸长率	填写错误扣10分		
断面收缩率	填写错误扣10分		
热处理	填写错误记0分	零容忍	

1.6 总结与提高

1.6.1 项目实施情况分析

项目完成后，学员根据项目实施情况，分析存在的问题及原因。指导老师对项目实施情况进行讲评。

1.6.2 总结

1. 组内自评

（1）将完成的作品拍照上传至资源库平台，并标注存在的问题；

（2）组内成员对小组内作品评分并提出自己的见解，组长对本组操作情况进行总结。

2. 教师点评

教师依照评估单对学生作品打分，同时可以作为学生的一次实操成绩；

教师点评学生完成质量，指出共性问题，督促学生及时改正，提高学生的操作技能。

3. 延伸学习

学习复合材料的相关知识。

4. 课后作业

（1）什么是弹性变形？什么是塑性变形？（初级工）

（2）钣金零件的基本变形方式有哪些？（中级工）

飞机样板的制作

2.1 学习目标

知识目标

（1）掌握画线与剪切的定义；

（2）熟悉手工画线和手工剪切的常用工具与设备；

（3）掌握手工画线和手工剪切的基本方法与操作要点。

能力（技能）目标

（1）能描述手工画线与剪切的含义；

（2）能熟练使用手工画线和手工剪切常用工具设备；

（3）能熟练使用手工画线和手工剪切的操作方法制作零件。

素质目标

（1）养成热爱科学、实事求是的学风；

（2）具备严谨、细心、追求高效、精益求精的职业素质；

（3）具备良好的道德品质、沟通协调能力、团队合作精神和极强的敬业精神。

职业素养及安全文明生产

（1）坚持安全、文明生产规范，严格遵守车间制度和劳动纪律；

（2）着装规范（工作服、劳保鞋），不携带与生产无关的物品进入车间；

（3）实训现场工具、量具和刀具等相关物料的定制化管理；

（4）线上资源浏览：飞机钣金制造过程——热爱航空的情怀；

（5）工具准备：落实工具"三清点"制度；

（6）按图纸画线：严谨细致，按章操作；

（7）尺寸检查：零缺陷、无差错的质量意识；

（8）零件剪切：树立质量意识，不断提高产品质量；

（9）严禁徒手清除铁屑，气枪严禁指向人；

（10）培养学生勤学好问、勤于思考、规范操作、严谨工作的求学态度。

2.2 任务描述

飞机必须具有光滑流线的、符合气动力学要求的几何形状。其大量零件具有与气动力外形有关的曲线或曲面的外形，且要求互相协调。同时，飞机零件大部分用板材制造，尺寸较大，刚度差，不便用通用量具来度量其外形尺寸。因此，在飞机制造中必须采用一种与一般机器制造业不同的技术——模线样板技术，以保证制造出的各种工艺装备和零件互相协调，并顺利进行装配，且制造出符合设计要求的飞机。

2.2.1 问题提出

画线基准的作用是什么？让学生理解画线基准选择的意义；了解模线样板技术原理及样板与一般量具的主要区别。样板常分为几类？各自的用途是什么？基本标记符号和专用标记符号的区别是什么？各包含什么内容？

2.2.2 案例导入

图片、实物展示：剪切缺陷案例，导入制作任务，即飞机钣金零件外形样板的制作（图2-1）。

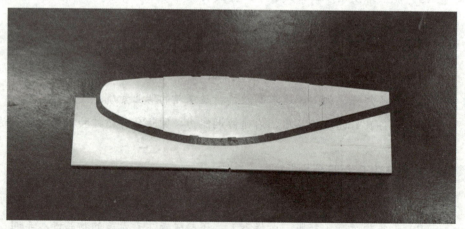

图2-1 某型飞机机翼内形样板、外形反切样板

观察图片、实物情况，建立直观印象，跟随教师呈现问题思路，体验问题情境（图2-2）。

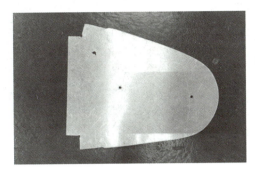

图 2-2　某型飞机机翼下料样板

2.2.3　发布工作任务卡

工作任务卡见表 2-1。

表 2-1　工作任务卡

任务编号	2-1	任务难度	初级工
任务名称	飞机样板的制作		
工作区域	飞机数字化装配实训中心——教学区		
建议学时	4 学时		
工作任务			

加工如图 2-3 所示的零件，毛坯为 125 mm×125 mm×1.2 mm 的板料，材料为 2A12-T4。

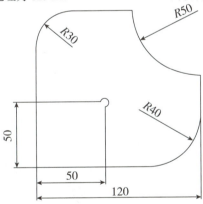

图 2-3　飞机钣金零件外形样板

技术要求：
（1）板材型号：2A12-T4-δ1.0 mm；
（2）所有未标注尺寸公差均为 ±0.5 mm；
（3）零件平整无明显扭曲变形；
（4）剪断面光滑、平直，边缘无毛刺；
（5）零件表面无划伤、磕伤、压痕等机械损伤；
（6）零件不能有裂纹

模线样板

2.3.1 模线样板技术

1. 模线样板技术原理

首先根据飞机图纸制出真实形状的标准；然后按标准制造各种工艺装备；最后按工艺装备制造出零件。

2. 模线样板技术内容

（1）模线。模线是将零件的外形及结构按 1：1 的比例画在图板上，这一真实图形称为模线。模线通常又可分为理论模线和结构模线两大类。

1）理论模线。按照飞机图纸和飞机工艺要求进行设计，以飞机部件、组件的理论外形和结构轴线为主要绘制内容，以 1：1 的比例精确地画在金属平板或聚酯薄膜上的图样称为理论模线。当未应用飞机外形数学模型和数控绘图技术时，理论模线是保证飞机外形和结构轴线正确与协调的唯一原始依据，是绘制结构模线和制造样板的主要依据之一。在应用计算机建立飞机外形数学模型并采用数控绘图技术以后，理论模线的用途：一是作为外形数学模型的直观精确图像，并验证外形数学模型的正确性（包括光滑流线形）；二是作为数值量到模拟量之间的桥梁和 CAD/CAM 技术的辅助手段。理论模线的作用如下：

①用于校核结构模线的剖面外形、结构轴线和斜角值；

②校核从外形数模算出的各种数据；

③作为某些样板的制造或检验依据；

④量取某些外形或结构轴线的数据。

随着 CAD/CAM 技术及其应用深度、广度的提高，理论模线的作用和重要性将进一步减弱。

2）结构模线。根据飞机结构图纸、理论模线和制造工艺要求，采用 1：1 的比例，精确地画在图板上的零件或组合件的结构图形称为结构模线。结构模线不仅表达了组合件中各零件之间的装配关系，并且也给零件和工艺装备制造提供了必不可少的依据。结构模线的用途如下：

①它是飞机零、组件结构协调的依据；

②它是制造各类样板和晒相图板的依据；

③它是工装、零件的制造和检验依据。

（2）样板。样板是按模线或数据制造的，表示飞机零、组、部件真实形状的，刻有标记并钻有工艺孔的专用刚性量具。一般量具和样板的作用是相似的，区别在于前者是通过刻度显示，而后者是通过直接比较；前者是根据刻度读数来判定加工精度，而后者是根据外形与样板的吻合程度来判定加工精度。由于是直接比较，比较标准的样板上（以及据以加工样板的理论模线上）就不需要也不应加注任何尺寸，因为作为标准的物件只能是一个。如果在样板上（以及理论模线上）加注尺寸，则因标注的尺寸和样板的实际尺寸之间总是存在误差，无疑对一个尺寸同时设置了两个比较标准，反而无所适从。同理，凡是左右对称的外形，样板只做右边的一半，理论模线也只画右边的一半。模线与样板上一般不取零件的剖面，上面有各种标记符号，如弯边高、减轻孔、加强肋的形状等。

（3）样板制造的基本方法。

1）晒相移形法与非晒相移形法。晒相移形法是通过接触晒相将模线上的线条晒印在样板毛料上；非晒相移形法是用描图或其他移形方法将模线上的线条移形到样板毛料上。

2）按数据制造样板。

①制造夹具样板的工艺过程：

a. 下料时按数据下近似毛料，校平、喷漆。

b. 在画线钻孔台上钻基准孔，画基准线。

c. 按数据画线。

d. 工序检验。

e. 打标记。

f. 对于对称形的样板，可先加工其一侧外形并按此侧外形加工反的标准样板。

g. 按反的标准样板加工样板另一侧外形。

h. 喷漆。

i. 画线，涂白铅油。

j. 成品检验。

②制造零件样板的工艺过程：

a. 下料时按轮廓尺寸加余量下毛料，校平。

b. 按数据画线。

c. 工序检验。

d. 切割外形，打标记。

e. 加工外形。

f. 钻工艺孔。

g. 喷漆。

h. 画线，涂白铅油。

i. 成品检验。

3）激光切割样板技术。激光切割样板具有以下优点：

①切割速度快，热影响区小，热畸变小。

②割缝窄，割缝边缘垂直度好，切边光滑，切口有棱角。

③切边无机械应力，无剪切毛刺，无刀具磨损。

④可方便地切割易碎、脆、软、硬材料和合成材料。

⑤光束无惯性，可实现调整切割和数控自动化。

⑥切割噪声低，工艺成熟，激光切割可数字控制。

4）激光切割机加工样板的工艺过程：

①设计样板草图。

②程序编制。

③激光切割。

④打标记。

⑤喷漆。

⑥描线，涂白铅油。

⑦成品检验。

⑧移交。

2.3.2　模线样板在飞机制造中的作用

模线样板是飞机从设计到制造的桥梁，是飞机几何尺寸的原始依据，是飞机制造过程中保证各类零、组、部件尺寸协调的主要手段。模线样板的质量直接影响飞机制造的质量和新机试制工作的进行。同时，由于模线样板生产是飞机制造的第一步，飞机的大部分零件和工艺装备都需要根据模线样板制造，模线样板的生产进度直接影响新飞机的试制进度，因此，提高模线样板质量和生产效率具有很重要的意义。

2.3.3　样板的分类、用途及工艺孔

1. 样板的主要特点

凡是外形不规则而又要求准确的零件，都不能按照图纸生产，而必须按照模线制造样板作为零件的直接比较标准。由此可见，样板成为一种平面量具，是加工和检验带曲面外形的零件、装配件和相应工艺装备的依据。飞机制造中所采用的样板主要特点如下：

（1）样板可以看成1∶1的不标注尺寸的刚性图纸，因为通过样板正面的符号标记和说明文字，可以从一块平的样板想象出立体零件，特别是框、肋类平行钣金件的形状。

（2）它们之间必须相互协调。因为样板起着制造、协调、检验零件及工艺装备的作用，要求样板之间有着相互协调的关系。

（3）由于飞机结构中形状不规则的钣金零件品种繁多，并且为了制造一种零件常常需要使用不止一块而是一套样板，因此，样板的数量也就很大。在一架飞机的制造过程中，样板的数量往往多达数万块。

2. 样板的分类和基本用途

样板的分类和基本用途见表2-2。

表 2-2　样板的分类和基本用途

样板分类	样板品种		基本用途
	样板名称	简称	
生产样板	晒相图板	相板	（1）制造、检验样板； （2）制造、检验零件和工装
	外形样板	外形	（1）零件样板； （2）制造和检验模具及零件
	内形样板	内形	制造零件的成型模具，常被外形样板代替
	展开样板	展开	零件的下料及制造冲切模具
	切面样板　切面外形样板	切外	制造和检验模具或零件
	切面样板　反切面外形样板	反切外	
	切面样板　切面内形样板	切内	
	切面样板　反切面内形样板	反切内	
	钻孔样板	钻孔	钻或冲零件上的孔
	夹具样板	夹具	制造、安装标准样件或装配、检验夹具
	表面标准样件样板	样件	制造表面标准样件
	机加样板	机加	加工和检验机加零件上与理论外形或结构协调有关部分
	毛料样板	毛料	用于复杂零件下料
	铣切样板	铣切	零件的画线铣切及检验
	专用样板	专用	按工艺需要确定
标准样板	与生产样板相同，按需要选用		（1）制造生产样板用的过渡样板； （2）检修和复制生产样板

注：不同类样板具有不同颜色。

3. 各种生产样板的基本特征

（1）晒相图板。晒相图板简称相板，为按聚酯模线采用接触晒相法晒出的图板。它可以代替生产样板使用，也可以作为样板、工装、零件的制造和检验依据。相板的材料有铝板和聚酯片基两种。

（2）外形样板。外形样板是表示零件结构表面（一般为腹板面）形状的样板。样板外形取在零件外形交叉线上。对于无弯边平板零件，样板外形就代表零件的外形。

（3）内形样板。内形样板是表示有弯边零件结构平面形状的样板。样板外形取在零件弯边的内表面与腹板平面的内形交线上。其取法与外形样板相同。

（4）展开样板。展开样板是零件的展开形状，其尺寸和形状一般按计算方法制造，故有时须经工艺校正，以消除工艺因素的影响。在兼作外形样板使用的展开样板上，画出零件外形交线，并在其内侧打出弯边标记，此时其样板名称后应增加"（外）"。

（5）切面样板。切面样板表示零件切面形状。

1）切面样板可分为切面外形样板（切外）、反切面外形样板（反切外）、切面内形样板（切内）和反切面内形样板（反切内）四种。切外和反切外具有同一外缘（样板切在零件外表面上），但形状相反；切内和反切内具有同一外缘（样板切在零件内表面上），但形状相反。

2）四种切面样板的关系：切内加零件材料实际厚度等于切外；反切内减零件材料实际厚度等于反切外。

（6）钻孔样板。钻孔样板一般用于平面零件的钻孔或冲孔。弯曲型材零件的钻孔样板可采用薄钢片制造。

（7）夹具、样件样板。夹具、样件样板按工艺装备设计单位提供的样板图及技术要求制造。

（8）机加样板。机加样板按机加单位提出的样板申请单和技术条件制造。

（9）毛料样板。当复杂零件不能下展开料时，选用有余料的下料样板为毛料样板，专供下料使用，一般零件车间自制，也可以在样板车间复制成钢样板。

（10）铣切样板。铣切样板按展开样板或毛料样板制造，专供零件的画线铣切及检验，一般零件车间自制，也可以在样板车间制成钢样板。

（11）专用样板（包括化铣样板）。凡不能归属上述种类，且在生产中具有专门用途的样板统称为专用样板。一般按使用单位提出的样板设计技术条件（或样板图）、制造依据、样板毛坯、主管工艺部门编制的统一工艺技术文件制造。例如，化铣样板（对采用化学铣切方法制造的零件，选取示出化铣余量线的化铣样板，它是一种特殊的专用样板）、试压展开样板、立体零件的切钻样板等，其样板的名称可按有关文件规定分别简称为化铣、展开（试）、切钻等，也可简称为专用。

4. 样板上的工艺孔

样板上有很多工艺孔，其用途各不相同，在不同种类样板上出现。在钣金零件上，有的孔制出、有的孔不制出，使用样板时必须注意。其应注意以下几项：

（1）样板上的工艺孔按需要选用。

（2）工艺孔的标记建议选用Ⅰ组。

（3）样板上的工艺孔是否扩孔，按样板使用单位提出的技术要求确定。

（4）钻在零件材料被冲掉部分的工具孔不打标记。

（5）当一个零件上取装配孔、导孔的孔径有两种以上且连接件孔径 $\phi > 2.6 \text{ mm}$ 时，样板上全部钻 $\phi 2.7 \text{ mm}$ 孔，但应打出孔径标记，以便区分；当连接件孔径 $\phi \leqslant 2.6 \text{ mm}$ 时，样板上钻 $\phi 2.1 \text{ mm}$ 孔。

（6）导孔不打标记。

2.3.4 样板的标记符号

1. 基本标记符号

样板的基本标记符号用于表示样板的基本特征。在所用样板上都必须标记出来，标记在样板正面的中间明显部位或补加部分。

2. 专用标记符号

专用标记符号用于表示零件或工艺装备的几何形状和使用、制造、工艺特征。专用标记可分为以下三类：

（1）表示零件或工艺装备几何形状的标记。

（2）表示样板使用关系的标记。

1）坐标轴线标记：飞机轴线、对称轴线、水平基准线、弦线等。

2）结构轴线标记：框轴线、长桁轴线、肋轴线、大梁轴线、转动轴线、隔板轴线等。

3）其他使用关系的标记。

（3）特种说明标记。

2.3.5 操作过程中的安全注意事项

具体内容见项目 1，本处不再赘述。

2.3.6 平面画线演示

演示应遵循图纸画线的操作要领：仔细研究零件图、构思画线计划、确定基准等。

（1）画线基准的选择。以两条中心线为基准画线（图 2-4）。

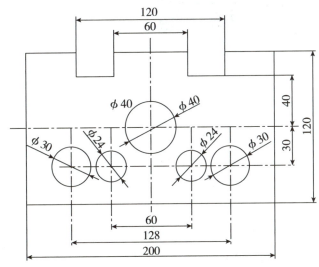

图 2-4　以两条中心线为基准画线

（2）以一个平面和一条中心线为基准画线（图 2-5）。

（3）画线的步骤：

平面画线

31

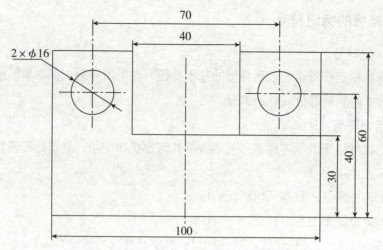

图 2-5　以一个平面和一条中心线为基准画线

1）看懂图纸标题栏，熟悉技术要求；

2）看懂各个视图，分析相互对应关系；

3）仔细分析尺寸链，找出尺寸基准；

4）确定画线基准；

5）量取尺寸，开始画线（图 2-6、图 2-7）。

图 2-6　使用划针画法

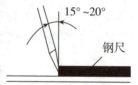

图 2-7　划针角度

2.3.7　手工剪切的注意事项

利用手动剪切工具进行剪切操作即手工剪切。其功用为：进行下料、去余量。

（1）除剪切线外，其余线条不能使用铅笔、划针等尖锐物品画线；

（2）画线时，首先必须确立基准，按基准量取尺寸；

（3）必要线条清晰、位置准确、不能有重叠线。

手工剪切

2.3.8　手工剪切操作及故障分析和处理

1. 操作

（1）右手握剪把，剪把不能露出掌心过长，尾端不能握在手掌中（图 2-8）。

（2）左手持料，上剪刀与剪切线对正（图2-9）。

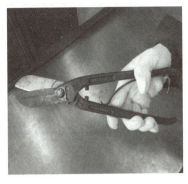

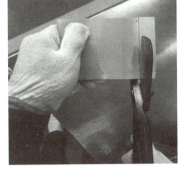

手工剪的使用操作
及技术要领

图2-8 右手握剪把姿势　　图2-9 上剪刀与剪切线对正

（3）剪切时，剪刃张开剪刃全长的3/4，剪切中，剪刃不完全合拢，应留1/4剪刀长（图2-10）。

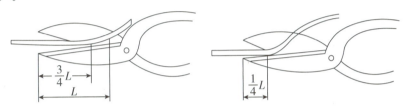

图2-10 剪切时剪刀刃口位置

（4）剪切凹角应先钻止裂孔，或在凹角处留一定距离不剪开，用手掰断连接处，再修锉到剪切尺寸（图2-11）。

（5）对于角形件，先锯开角根再剪开（图2-12）。

（6）当剪切较厚条料时，应将剪刀下柄用台虎钳夹住（图2-13）。

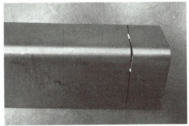

图2-11 止裂孔剪切　　　　图2-12 角形件剪切　　　　图2-13 较厚材料剪切

小提示："精准画线"以培养关注细节、精益求精的工匠精神。

2. 故障分析和处理

（1）板材剪不断。

1）上下刃口间隙过大：调整间隙。剪刃合理间隙范围以对板厚δ的百分数表示，即$\delta/100$（表2-3）。

表 2-3　剪刃合理间隙范围值　　　　　　　　　　　　　　　　%

材料种类	间隙	材料种类	间隙
电磁纯铁	6~9	不锈钢	7~13
软钢（低碳钢）	6~9	低合金钢	6~10
硬钢（中碳及高强度钢）	8~12	硬铝、黄铜	6~10
电工硅钢	7~11	防锈铝	5~8

2）刀口钝：磨锐剪刃。

（2）尺寸超差。上剪刃与零件剪切线未对正；应按剪切线送料。

（3）剪切线间断不直。后一剪与前一剪未衔接好；压线连续剪切。

（4）剪裂。

1）凹角处未钻止裂孔或剪过线；应钻止裂孔或留余量修锉；

2）剪刃完全闭合咬伤零件；剪刃不完全闭合，留 1/4。

2.3.9　机械剪切

利用各类剪床对材料进行剪切的过程称为机械剪切。机械剪切的生产效率高，操作简单，在下料中应用极为广泛。

冲裁

1. 龙门剪床

龙门剪床传动与工作原理如图 2-14 所示。

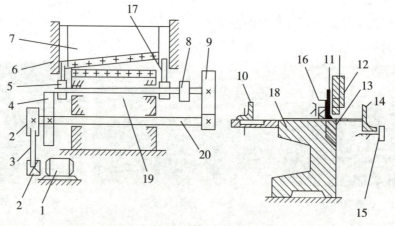

图 2-14　龙门剪床传动与工作原理

1—电动机；2—皮带轮；3—皮带；4—飞轮；5—偏心套；6—床身导轨；7—滑板；8—离合器；9—齿轮；
10—前挡板；11—栅栏护板；12—上刀片；13—下刀片；14—后挡板；15—调整丝杠；16—压料装置；
17—可调连杆；18—床面；19—主轴；20—传动轴

2. 振动剪床

振动剪床及结构原理如图 2-15 所示。

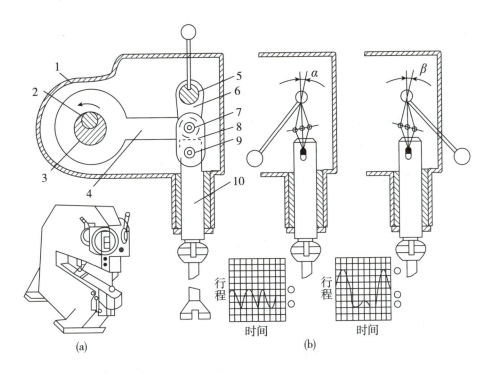

图 2-15　振动剪床及结构原理图

（a）振动剪床；（b）振动剪床结构原理图

1—机体；2—转动轴；3—偏心衬套；4，8—连杆；5—偏心转轴；6—叉杆；7，9—轴；

10—刀座

3. 滚剪机

滚剪机如图 2-16 所示。

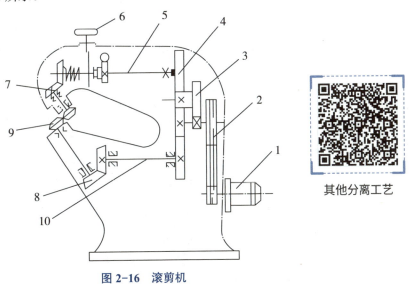

其他分离工艺

图 2-16　滚剪机

1—电动机；2—传动轮；3—传动齿轮；4—齿轮；5—摆动轴；6—手柄；7，8—伞齿轮；

9—上、下滚刀；10—传动轴

2.4 任务实施

2.4.1 飞机样板制作工卡

飞机钣金加工课程实训操作工卡见表2-4。

表2-4 飞机钣金加工课程实训操作工卡

工卡号：460601-GK-01-R1

任务编号	2-2			任务等级	初级工	
题名	飞机样板制作					
工作区域	飞机数字化装配实训中心——钣金区					
工时/min	100	开始时间		结束时间		
技能训练要求	（1）能按图纸要求进行画线； （2）熟练使用直口剪与弯口剪； （3）能正确调整剪刃间隙					
职业素养养成及安全注意事项	（1）严格遵守操作规程，不违规操作； （2）操作人员应穿戴好个人防护用品，包括实训服、棉线手套、耳塞和护目镜等； （3）工量具按要求摆放整齐，轻拿轻放，量具使用完毕后注意清洁； （4）工作现场保持整洁，废料及时清理； （5）实训室实行6S管理					
编写/修订		审核		批准		
日期		日期		日期		
工量具/设备/耗材/劳保用品					工作者	检查者
类别	名称	规格型号	单位	数量		
工量具	直口剪	10″	把	1		
	弯口剪	8″	把	1		
	木榔头	ϕ60 mm，ϕ140 mm	把	1		
	平锉刀	8″	把	1		
	划规	ϕ150 mm	把	1		
	记号笔	得力 No.6824	支	1		
	直角尺	0~300 mm	把	1		
	游标卡尺	0~150 mm	把	1		
	塞尺	0.05~1 mm	把	1		
	虎钳保护垫	150 mm	副	1		
	毛刷	3 in	把	1		

工量具 / 设备 / 耗材 / 劳保用品					工作者	检查者
类别	名称	规格型号	单位	数量		
设备	台剪	500 mm	台	（公用）		
	气钻	Z0601	把	（公用）		
耗材	钻头	ϕ 4.1 mm	个	1		
	铝板	2A12-T4-δ1.0 mm	块	按需		
劳保用品	耳塞	通用	副	1		
	护目镜	通用	副	1		
	棉线手套	通用	副	1		
工作准备						
（1）清点工具设备； （2）检查工具情况，外表完好无损，功能正常；计量工具在有效期内； （3）领取耗材，耗材应符合标准； （4）在工具交接单上签字						
操作步骤						
（1）操作准备。 1）识读与理解零件图纸尺寸，理解工作任务； 2）检查材料规格、表面质量； 3）依据图纸尺寸画线； 4）检查画线尺寸，符合图纸要求。 （2）操作实施。 1）准备气钻，在规定位置（50 mm×50 mm）钻止裂孔。 ※ 警告：使用气钻时，不能戴手套。 2）用直口剪连续剪切 50 mm×50 mm 的正方形。 ※ 警告：剪切时，请戴好护目镜和棉线手套。 ※ 注意：直线相交处不要剪断，留出余量用手掰断，再用锉刀修至规定尺寸。 3）用直口剪连续剪切 R30 mm、R40 mm 的圆弧。 4）用弯口剪连续剪切 R50 mm 的圆弧。 5）用木榔头对零件不平处进行校正。 6）按线修锉至规定尺寸。 ※ 警告：修锉时，要戴好护目镜。 （3）操作收尾。 1）按图纸要求检查零件尺寸； 2）在工件合适处写上姓名、学号； 3）上交工件						
结束工作						
（1）清点工具和设备，数量足够； （2）清扫现场； （3）在工具交接单上签字						
--------------------------- 工卡结束 ---------------------------						

工量具 / 设备 / 耗材 / 劳保用品					工作者	检查者
类别	名称	规格型号	单位	数量		
技术要求： （1）板材型号：2A12–T4–δ1.0 mm； （2）所有未标注尺寸公差为 ±0.5 mm； （3）零件平整无明显扭曲变形； （4）剪断面光滑、平直，边缘无毛刺； （5）零件表面无划伤、磕伤、压痕等机械损伤； （6）零件不能有裂纹						
注：1 in=3.33cm。						

2.4.2 实施过程

1. 识读工卡

识读工卡，确认工卡内容与工作内容是否一致。

2. 检查材料规格、表面质量

检查材料规格、外形尺寸及表面是否有损坏（图 2-17）。

合格 　　　　　　　不合格（表面有划痕）

图 2-17　检查材料

3. 依据图纸尺寸画线

找出画线基准，依据图纸尺寸完成画线（图 2-18）。

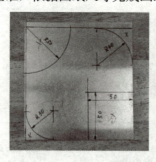 

图 2-18　画线及尺寸量取

4. 检查画线尺寸，符合图纸要求

仔细核对所画的线条是否一致，线条清晰。

5. 准备气钻，在规定位置（50 mm×50 mm）钻止裂孔

使用气钻时严禁戴手套，需要戴护目镜，钻孔完成后去毛刺（图 2-19）。

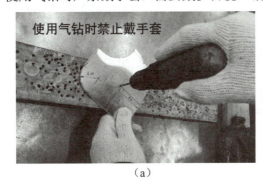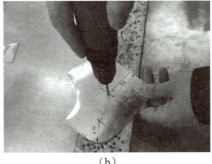

（a） （b）

图 2-19 气钻操作时禁止戴手套

（a）错误；（b）正确

6. 用直口剪连续剪切 50 mm×50 mm 的正方形

开始剪切，上剪刃与剪切线对正，压线连续剪切，注意剪刀张开 3/4、合拢留 1/4，上剪刃对正并压着直线剪切（图 2-20）。

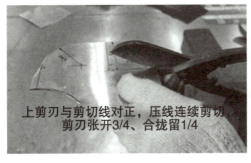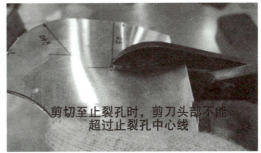

图 2-20 剪切直线

7. 用直口剪连续剪切 R30 mm、R40 mm 的圆弧

剪切方向不遮住剪切线，上剪刃保持与曲线的切线方向一致进行剪切（图 2-21）。

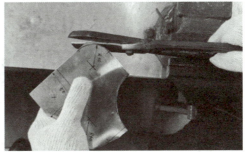

图 2-21 外圆弧剪切

8. 用弯口剪连续剪切 R50 mm 的圆弧

剪切方向不遮住剪切线，上剪刃保持与曲线的切线方向一致进行剪切（图 2-22）。

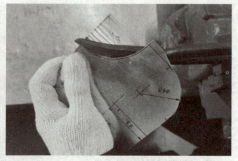

图 2-22　内圆弧剪切

9. 用木榔头对零件不平处进行校正

使用木榔头对零件不平处进行校正时，应使用手腕的力量对零件进行修整，防止零件拉伸变形（图 2-23）。

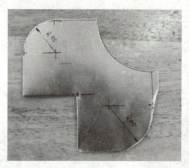

图 2-23　样板变形校正

10. 修锉至规定尺寸

使用细平锉刀对外圆弧进行修锉；使用圆弧锉刀对内圆弧进行修锉；使用砂布锉削毛刺进行打磨，去除锉削细小毛刺（图 2-24、图 2-25）。

使用半圆锉对 R50 mm 内圆弧加工

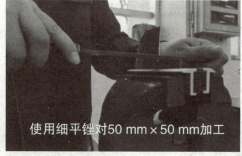

使用细平锉对 50 mm×50 mm 加工

图 2-24　内圆弧修锉　　　　　　图 2-25　平面修锉

11. 自检

（1）按图纸要求检查零件尺寸；

（2）在工件合适处写上姓名、学号；

（3）上交工件。

12. 6S 管理

（1）清点工具和设备，数量足够；

（2）清扫现场；

（3）在工具交接单上签字。

2.5 考核与评价

（1）实训操作评估单见表 2-5。

（2）职业素养考核评价见表 2-6。

表 2-5　实训操作评估单

实操题名：飞机样板制作			实训评估单号：460601-PGD-01-R1		配套实训工卡号：460601-GK-01-R1	
姓名		班级		学生学号		
工作步骤			评分要素			
			基本技能		职业素养	
准备（15分）	1	工具/设备/材料等准备：（1）借用准备；（2）按工具清单清点工具/设备/材料；（3）量具有效性检查	（1）工具准备不到位，扣2分；（2）工具未清点，扣2分；（3）量具未检查有效性，扣2分	扣分值： 理由：	（1）工具摆放不规范，扣2分；（2）未按工具清单清点工具，扣2分；（3）安全防护用品佩戴或使用不规范，扣3分；（4）有损伤工具设备的行为，扣2分	扣分值： 理由：
	2	安全准备：（1）个人安全防护用品已佩戴；（2）设备安全使用注意事项已阅读；（3）与相关人员的安全沟通已执行				
操作过程规范（30分）	3	（1）识读工卡；（2）检查材料规格、表面质量；（3）依据图纸尺寸画线；（4）检查画线尺寸，符合图纸要求；	（1）未识读工卡，扣2分；（2）未进行板料质量检查，扣2分；（3）不按基准画线，扣2分；（4）未进行尺寸检查，扣2分	扣分值： 理由：	（1）操作过程中工量具随意摆放、不爱惜工量具，扣2分/次，最多扣6分；	扣分值： 理由：

工作步骤		评分要素		
		基本技能		职业素养
操作过程规范（30分）	3	（5）准备气钻，在规定位置（40 mm×40 mm）钻止裂孔； （6）用直口剪连续剪切 40 mm×40 mm 的正方形； （7）用直口剪连续剪切 R20 mm、R40 mm 的圆弧； （8）用弯口剪连续剪切 R80 mm 的圆弧； （9）用木榔头对零件不平处进行校正； （10）挫修至规定尺寸	（5）未钻止裂孔，扣2分； （6）直口剪使用方法不正确，扣2分； （7）弯口剪使用方法不正确，扣2分； （8）零件校正方法不正确，扣2分； （9）操作失误导致板料报废的，可申请补发材料，每次扣10分，累计扣分		（2）工具使用不当、设备不按操作规程使用，扣2分/次，最多扣6分； （3）耗材随意乱扔，扣2分； （4）出现明显失误造成工具设备损坏，终止考试； （5）出现安全事故，终止考试
作品（40分）	4	（1）外形尺寸检查； （2）零件表面质量检查； （3）剪断面质量检查	（1）外形尺寸 120 mm ±0.5 mm，每超差 0.5 mm 扣1分，最多扣4分； （2）直角尺寸 50 mm ±0.5 mm，每超差 0.5 mm 扣1分，最多扣2分； （3）圆弧 R30 mm，与样板不符，每超差 0.5 mm，扣1分，最多扣4分； （4）圆弧 R40 mm，与样板不符，每超差 0.5 mm，扣1分，最多扣4分； （5）圆弧 R50 mm，与样板不符，每超差 0.5 mm，扣1分，最多扣4分； （6）直角垂直度 90°±30′，每超差 30′ 扣1分，最多扣2分； （7）作品表面出现划伤、磕伤、压痕、凹坑等机械损伤，每处扣1分，最多扣4分； （8）作品表面不平度 ≤0.5 mm，超差每增加 0.1 mm，扣1分，最多扣4分； （9）作品未去除毛刺，每处扣1分，最多扣4分； （10）剪断面痕迹不光滑、不均匀，剪切线不直等不符合技术要求，每处扣1分，最多扣4分；	扣分值： 理由： N/A	N/A

工作步骤			评分要素			
			基本技能		职业素养	
作品（40分）	4		（11）作品边缘出现明显变形，每处扣1分，最多扣4分； （12）零件有裂纹，该大项不计分； （13）零件与图纸尺寸要求严重不符或零件质量严重不符合要求，该大项不计分			
收尾（15分）	5	工作收尾： （1）工件署名，上交； （2）按工具清单清点工具； （3）清洁工作区域； （4）归还工具、耗材； （5）签署工卡	（1）工具未清点，扣2分； （2）未按工具清单清点工具，扣2分； （3）未归还工具、耗材，扣2分； （4）工卡签署不规范，扣1分/处，最多扣3分	扣分值： 理由：	（1）工具未整理，扣2分； （2）工作区域未清洁，扣2分； （3）工件未署名，扣2分	扣分值： 理由：
标准工时/min	100	实际工时	（1）未在标准工时内完成，扣2~10分； （2）每超5 min，扣2分，最多扣10分，不足5 min按5 min计算	扣分值： 理由：		
考生分数		是否通过	是□　　否□	评估员签字： 　　年　　月　　日		

表2-6　职业素养考核评价标准

考核项目		考核内容	配分	扣分	得分
加工前准备	纪律	服从安排；场地清扫等；违反一项扣1分	2		
	安全生产	安全着装；按规程操作等；违反一项扣1分	2		
	职业规范	机床预热、按照标准进行设备点检；违反一项扣1分	4		
加工操作过程	文明生产	每打一次刀扣2分	4		
		工具、量具、刀具定制摆放，工作台面整洁等；违反一项扣1分	4		
	违规操作	用砂布、锉刀修饰；锐边没倒钝，或倒钝尺寸太大等没按规定操作的行为，扣1~2分	2		

考核项目		考核内容	配分	扣分	得分
6S 管理	清洁、清扫	清理机床内部的铁屑，确保机床表面各位置的整洁，清扫机床周围的卫生，做好设备的保养；违反一项扣 1 分	4		
	整理、整顿	工具、量具的整理与定制管理；违反一项扣 1 分	4		
6S 管理	素养	严格执行设备的日常点检工作；违反一项扣 1 分	4		
出现严重违反设备操作规程或工伤事故		出现严重违反设备操作规程或工伤事故，整个测评成绩记 0 分			
合计			30		

2.6 总结与提高

2.6.1 项目实施情况分析

项目完成后，学员根据项目实施情况，分析存在的问题及原因，并填写表 2-7。指导教师对项目实施情况进行讲评。

表 2-7 操作基础项目实施情况分析表

项目实施过程	存在的问题	解决的办法
项目操作		
安全文明生产		

2.6.2 总结

1. 组内自评

（1）将完成的作品拍照上传至资源库平台，并标注存在的问题；

（2）组内成员对小组内作品评分并提出自己的见解，组长对本组操作情况进行总结。

2. 教师点评

（1）教师依照评估单对学生作品打分，同时可以作为学生的一次实操成绩；

（2）教师点评学生完成质量，指出共性问题，督促学生及时改正，提高学生的操作技能。

3. 延伸学习

学习新型剪切方式的相关资料。

4. 课后作业

（1）钣金常用的生产样板有哪些？有什么用途？（初级工）

（2）四种切面样板的使用关系是什么？它们相互之间有什么关系？（中级工）

飞机蒙皮的制作

3.1 学习目标

知识目标

（1）掌握滚弯原理；

（2）了解滚弯的应用场合；

（3）熟悉滚弯常用工具与设备；

（4）掌握滚弯零件展开尺寸的计算方法；

（5）掌握板材滚弯的基本方法及操作要点；

（6）掌握拱曲原理；

（7）了解拱曲的应用场合；

（8）熟悉拱曲常用工具与设备；

（9）掌握拱曲零件展开尺寸的计算方法；

（10）掌握板材拱曲的基本方法及操作要点。

能力（技能）目标

（1）能根据计算结果准确剪切下料；

（2）能熟练使用板材常用工具与设备；

（3）能熟练使用板材的操作方法制作零件；

（4）能采用正确的校正方法校正钣金零件；

（5）能排除板材滚弯操作过程中常见的质量故障。

素质目标

（1）培养学生耐心细致、精益求精的工作态度；

（2）锻炼学生动手能力、团队合作能力、与人沟通的能力；

（3）培养学生按规章要求操作和质量控制意识。

（1）坚持安全、文明生产规范，严格遵守车间制度和劳动纪律；

（2）着装规范（工作服、劳保鞋），不携带与生产无关的物品进入车间；

（3）实训现场工具、量具和刀具等相关物料的定制化管理；

（4）线上资源浏览：飞机钣金制造过程——热爱航空的情怀；

（5）工具准备：落实工具"三清点"制度；

（6）按图纸画线：严谨细致，按章操作；

（7）尺寸检查：零缺陷、无差错的质量意识；

（8）零件剪切：树立质量意识，不断提高产品质量；

（9）严禁徒手清除铁屑，气枪严禁指向人；

（10）开启电气设备时，必须严格遵守操作规程；

（11）不准擅自使用不熟悉的机械和工具，设备使用前做好检查，如果发现损坏或故障，应停止使用，并及时报告老师；

（12）培养学生勤学好问、勤于思考、规范操作、严谨工作的求学态度。

3.2 任务描述

按照外形特点，飞机蒙皮可分为单曲度蒙皮、双曲度蒙皮和复杂形状蒙皮三种类型。

（1）单曲度蒙皮。单曲度蒙皮零件只在一个方向上有曲度，形状较简单，在飞机的机翼、机身等剖面段上应用较多。变形属于单纯的弯曲，一般采用压弯和滚弯方法成型。

（2）双曲度蒙皮。双曲度蒙皮零件在两个方向上都有曲度。机身的大部分零件、进气道等都属于双曲度蒙皮。双曲度蒙皮主要成型方法是拉形。

（3）复杂形状蒙皮。形状不规则，如翼尖、整流包皮、机头罩等。这类零件多采用落压方法成型。

3.2.1　问题提出

什么是机械弯曲？飞机制造中常用机械弯曲的方法有哪几种？什么是滚弯？其主要设备有哪些？板材滚弯中存在哪些问题？如何解决？滚弯适合成型何种类型的零件？

3.2.2　案列引入

图片、实物展示：飞机油箱口盖、隔框、腹板、翼肋、型材等构件（图3-1），这些构件在制作时，除折弯外，还发生了哪些变化？

观察图片、实物损伤情况，建立直观印象，跟随教师呈现问题思路，体验问题情境。

图 3-1　某型飞机外观

3.2.3　发布工作任务卡

工作任务单见表 3-1、表 3-2。

表 3-1　工作任务单（1）

任务编号	3-1	任务等级		初级工
任务名称	飞机单曲度蒙皮制作			
工作区域	飞机数字化装配实训中心——教学区			
建议学时	4 学时			
工作任务				

加工如图 3-2 所示的零件，毛坯为 45 mm×250 mm×1.2 mm 的板料，材料为 2A12-T4。

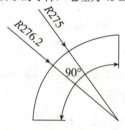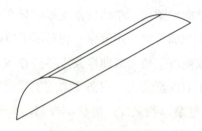

图 3-2　飞机单曲面蒙皮

技术要求：

（1）板材型号：2A12-T4-δ1.2 mm；

（2）所有未标注尺寸公差均为 ±0.5 mm；
（3）垂直度公差为 ±30′；
（4）零件平整无明显扭曲变形；
（5）零件表面光滑，无明显锤痕；
（6）零件不能有裂纹

表 3-2　工作任务单（2）

任务编号	3-2	任务等级	高级工
任务名称	飞机整流罩的制作		
工作区域	飞机数字化装配实训中心——教学区		
建议学时	8 学时		

<table>
<tr><td colspan="4" align="center">工作任务</td></tr>
</table>

加工如图 3-3 所示的零件，毛坯为 160 mm×160 mm×1.2 mm 的板料，材料为 2A12-T4。

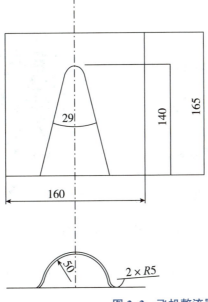

图 3-3　飞机整流罩

技术要求：
（1）板材型号：3A21-O-δ1.2 mm；
（2）所有未标注尺寸公差为 ±0.5 mm；
（3）垂直度公差为 ±30′；
（4）零件平整无明显扭曲变形；
（5）零件表面光滑，无明显锤痕；
（6）零件不能有裂纹

3.3.1 滚弯设备

（1）三轴滚弯机（图3-4）。三轴滚弯机又可分为对称式与不对称式两类。

滚弯

（2）四轴滚弯机。四轴滚弯机如图3-5所示，它的特点是带有靠模装置，能大大提高滚制变曲率外形的效率。由于采用靠模的传动方式，型材送进与靠模转动更加协调。型材和板材不同，剖面具有一定的高度。剖面各点的线速度不同，在滚弯过程中，型材与滚轮间会产生滑动。如果靠模机构由滚轮主轴带动，则不能和型材的实际送进过程相协调。为此，在滚轮主轴上套装一个摩擦靠轮，靠轮的外缘滚花，贴紧带余量的小弯边，依靠零件带动旋转。摩擦靠轮的运动经过两对链轮传至靠模，靠模推动顶杆沿滑轨上、下偏移，后者通过随动阀门控制弯曲轮的升降。由于零件材料力学性能的波动，靠模滚弯后有时要稍微修整外形。

图3-4　三轴滚弯机　　　　　图3-5　四轴滚弯机

图3-6所示为VPR-9-SPEC-CNC数控四轴滚弯机。该机床不仅可以加工平面内弯曲零件，还可以加工空间三维零件，整个加工过程可以按照事先编制的数控程序由计算机自动控制，可成型最大截面模量为28 cm³的型材，型材截面宽度不大于180 mm，高度不大于120 mm，垂直方向最小弯曲半径为150 mm，水平方向最小弯曲半径为1 200 mm，最大扭转角度为15°。数控滚弯机可实现基本加工参数的储存（包括侧轮位置、成型速度、夹持力等参数的储存），用于以后的零件加工。该机由工作滚轮、机架、机座、支承滚轮及传动系统等组成，四个工作滚轮通过两端的轴承体和油缸连接在一起，安装于两个机架，在机架中设置有下工作滚轮和侧工作滚轮的滑动导向槽，由油缸驱动工作滚轮在导向槽中做直线位移。上滚轮和下滚轮均为主动滚轮，通常由液压电动机通过行星减速器驱动。

（3）多轴滚弯机。当零件的产量大时，可设计一系列专用滚轮，在多轴滚弯机上用抽滚的方法制出直型材，这样生产效率高、零件质量好。如自行车、摩托车的钢圈、挡泥板、装饰条等零件都是在专用多轴滚弯机上成型的。多轴滚弯机如图3-7所示。

图 3-6　数控四轴滚弯机

图 3-7　多轴滚弯机

3.3.2　滚弯基本原理

（1）板材滚弯如图 3-8 所示。板料滚弯时，毛料在滚轴作用力和摩擦力的连续加载下，通过滚轴产生塑性弯曲变形。毛料经滚弯后所要求得到的曲率半径 R 是由滚弯时的曲率半径 R_0 经过卸载回弹后而获得的。因 R_0 与三滚轴的相对位置有关，R 也就取决于三个滚轴的相对位置和毛料的力学性能及厚度。滚弯时，曲率半径 R_0 与滚轴之间的关系可表示为

$$\left(\frac{d_2}{2}+t+R_0\right)^2=a^2+\left(H+R_0-\frac{d_1}{2}\right)$$

式中　t——材料厚度；

R_0——滚弯时零件的曲率半径；

d_1，d_2——上、下滚轴的半径；

a——两下滚轴之间的半间距；

H——上、下滚轴之间的相对距离。

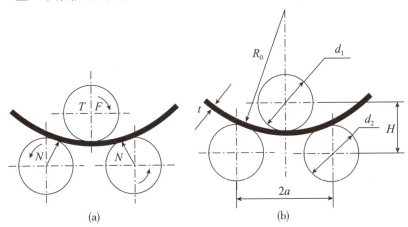

图 3-8　板材滚弯示意

两个滚轴之间的半间距 a 和上、下滚轴之间的相对距离 H 均为可调变量。为了滚弯后获得要求的曲率半径 R，需要调整 a 或 H，但调节 H 要比改变 a 值更为方便。H 值可按下式求得：

$$H= \frac{d_1}{2} - R_0 + \left[\left(R_0 + \frac{d_2}{2} + t \right)^2 - a^2 \right]^{\frac{1}{2}}$$

由于板料的回弹量事先难以计算和确定，因此利用上述关系式不能准确地计算出所需的 H 值，仅供参考。在实际生产中，大多采取试测的方法，即凭经验大体调整好上滚轴的位置后，逐渐试卷直到合乎要求的曲度为止。

（2）滚弯型材使用的多为四轴滚弯机，其工作原理如图 3-9 所示。滚弯机的工作部分由四个滚轮组成，中间一对滚轮 1 和 2 是由机械传动反向转动的导轮。3 是随动的弯曲轮，4 是随动的支承轮。弯曲轮的上下位置可通过机床的液压系统进行调节。上导轮的上下位置可通过手轮加以调整。支承轮 4 和下导轮 2 的轮面位于同一平面。滚弯开始前，先将上导轮提起，调节弯曲轮使其与下导轮和支承轮位于同一平面上。将毛料放在三个滚轮上后，放下上导轮压紧毛料。然后启动液压系统，根据要求的弯曲半径 R_0，将弯曲轮调节至适当位置。当弯曲轮上升时，毛料受到外加弯矩的作用，位于弯曲轮和导轮间的毛料产生弯曲变形。机床启动后，导轮同时反向转动，毛料在导轮间摩擦力的作用下向着弯曲轮送进。滚弯的过程可以看成毛料上无数个小弧段依次连续弯曲的过程，也就是连续加载—卸载的过程。如果各滚轮的相对位置保持不变，则滚弯结束后，凡是经过加载—卸载全过程的断面，其曲率都应相同。因此，用滚弯方法可以弯制等曲率型材弯曲件。毛料经过滚弯后形成的曲率半径 R 主要与滚轮间的相对位置、上导轮直径、材料的力学性能和型材的断面形状等因素有关。当其他条件不变时，在滚弯过程中如果按照一定规律调节弯曲轮的位置，即改变尺寸 H 和 L，这样就可以滚弯出变曲率的型材弯曲件。有些机床安装靠模，利用靠模在滚弯过程中调节弯曲轮的相对位置，以弯制符合要求的变曲率型材弯曲件。

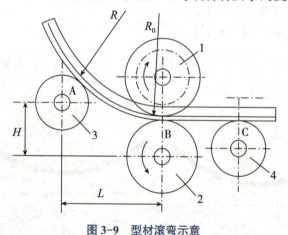

图 3-9　型材滚弯示意

1，2—导轮；3—弯曲轮；4—支承轮

3.3.3　滚弯的特点

（1）通用性好。板材滚弯时，由于钣金件多是较薄的金属板材或型材，均在常温下通过塑性变形滚弯成型，滚弯时不须加热，且一般不用在滚弯机上附加工艺装配。型材滚弯时，只须附加适用于不同剖面形状、尺寸的滚轮。

（2）零件的回弹可通过调整滚轮（滚轴）位置的方法加以补偿。

（3）滚弯机床结构简单，使用和维护方便。

（4）滚弯成型效率较低，且精度不高。

3.3.4 滚弯工艺

1. 板材滚弯

目前，国内板材滚弯普遍使用的是三轴滚弯机。滚弯成型的零件有等曲度零件、变曲度零件和锥形零件三种。

（1）等曲度零件的滚弯。等曲度零件即圆筒形零件，是滚弯成型中最简单的一种，在滚弯过程中，只要保持上滚轴上下不动，三根滚轴相互平行，即可实现。当然，曲度需要经过几次由小到大的试卷，才能最后达到要求。操作时，毛料一定要放正，否则滚出的零件是扭曲的［图3-10（a）］。因此，滚弯前，最好画一条基准线；滚弯时，使基准线与上滚轴的轴线重合［图3-10（b）］，再开始弯卷，这一点对于大型厚板料的滚弯尤为重要，因为这样的零件，后续的修整量大且相当困难。

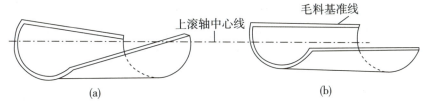

图 3-10　滚弯圆筒形零件示意

（a）零件推进；（b）基准线与上滚轴中心线

在对称三轴滚弯机上成型时，板料两端各有一未经弯曲的直线段［图3-11（a）］。直线段的长度与两个滚轴的间距 $2a$ 值有关。为了减小直线段，调整机床时，$2a$ 值取最小值，但成型力增大。对于零件前后两端的直线段，可采用垫板使其弯曲成型。可将垫板放在板料下面，与板料一起由滚轴滚弯［图3-11（b）］。也可采用板料两端留工艺余量，成型后切断消除直线段或先轧压成型始末端曲率，而后滚弯成型消除直线段。当在非对称三轴滚弯机上滚弯时，所得零件 R 在前端面有直线段，而后端面仍可变成所要求的曲度［图3-11（c）］，因此，把板料调头再滚一次，便可消除直线段。

（2）变曲度零件的滚弯。在滚弯过程中，三根滚轴保持相互平行，并随时改变上滚轴的上下位置，就可弯卷出变曲度零件。上滚轴随时改变的量虽有指示器表示，但也难控制。因此，有的滚弯机上装有靠模装置，在滚弯过程中，上滚轴依靠靠模上下移动。采用靠模时，只要靠模做得准确，就能卷制出符合要求的曲度。但因靠模制造的误差和传动机构的误差，尽管这些误差可以通过调整机构进行修正，却很难消除。尤其在生产批量较小时，调整靠模时间过长，不合算；另外，在滚弯同一批零件时，由于毛料厚度及材料硬度上的差异，滚弯的曲度大小不一，较厚或较软的毛料，滚弯的曲度就大些，反之就小些，毛料厚度越大，这种现象越突出。因此，有的工厂不采用靠模滚弯变曲度零件。一般采用的方法是把零件近似地看作由几个不同半径 R 组成的，按半径 R 分段、分次滚弯，即曲度由小往大逐次卷成（图 3-12）。滚弯时，首先以 R_1 调整上滚轴的位置，毛料从 a 端滚弯到 f 端，使 ef 段曲度符合要求；然后以 R_2 调整上滚轴，从 a 端滚弯到 e 处，使 de 段的曲度符合要求。当上滚轴接近 e 点时，缓慢、适量地上升，使曲度圆滑过渡，以防 R_1 和 R_2 间出现棱角。依次从 a 到 d、从 a 到 c、从 a 到 b 来完成全部滚弯工序Ⅰ、Ⅱ、Ⅲ、Ⅳ和Ⅴ。批量生产时，为提高效率，全批零件的工序Ⅰ都完成后，再进行工序Ⅱ。在各个工序中，最好每个零件都进行检查，检查时采用样板或模胎。

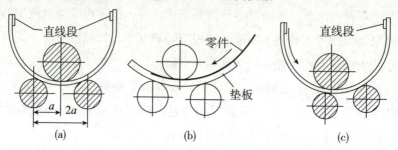

图 3-11　滚不到的直线段

（a）三轴滚弯机滚不到的直线段；（b）利用垫板排除直线段；
（c）非对称三轴滚弯机滚不到的直线段

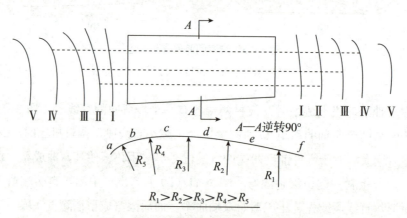

$$R_1 > R_2 > R_3 > R_4 > R_5$$

图 3-12　不用靠模滚弯变曲度零件示意

（3）锥形零件的滚弯。从理论上讲，在滚弯过程中两根下滚轴保持平行，上滚轴倾斜不上下移动（或两根下滚轴成一定角度，上滚轴水平不上下移动），可滚弯制出等曲度的锥形零件。上滚轴在滚弯过程中如连续做上下移动，则可制成变曲度的锥形零件。实际上，还必须使毛料两端在滚轴间送给的速度不同，才能滚弯出符合要求的等曲度或变曲度的锥形零件。因为这种零件［图 3-13（a）］两端的曲度不同，展开长度也不同，因此在滚弯时，要求两端有不同的滚弯速度。曲度大的一端（B 端）速度应慢些，曲度小的一端（A 端）速度应快些。在滚弯时，板料是同时承受三根滚轴的滚压，滚轴一般是圆柱形，所以，根本不可能同时得到几种不同的速度，从而易出现弯曲线与板料等百分比线不重合而产生的扭曲弯形。为解决这一问题，可采用分段滚弯（将毛料分段送进机床），具体步骤是先按样板在毛料的内表面的两边画出等百分比线［图 3-13（b）］，然后将上滚轴对正等百分比线，如［图 3-13（b）］中 a-a'，使滚轴在等百分比线的前后两个区间内滚动；再由手工调整毛料，使上滚轴对正 b-b'，重复上述操作，逐段滚弯，直至最后获得所需零件。

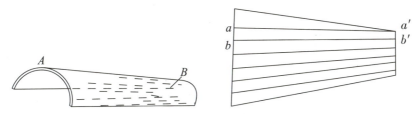

图 3-13　典型锥形零件及毛料等百分比线

（a）典型锥形零件；（b）毛料等百分比线

2. 型材滚弯

型材滚弯与板材滚弯的不同点在于，当型材滚弯时，需要按型材的断面形状设计制造滚轮，将滚轮装在滚轴上，通过滚轮进行滚弯。

（1）滚轮的典型结构。

1）Π 形型材滚轮。应使弯曲轮尺寸 A 与零件一致，否则滚弯时会产生畸变（图 3-14）。

2）L 形型材滚轮。当零件直壁受展时，应使零件靠背滚弯，以减少扭曲（图 3-15）。

当零件的直边收缩时，滚轮结构如图 3-16 所示，也需要两零件靠背滚弯减少扭曲，为防止滚轮轴向窜动造成间隙不均匀，下滚轮与弯曲轮都要加挡块以便控制扭曲。由于直壁收缩，材料变厚，选取直壁间隙时应按实际厚度增加 0.1~0.3 mm 的原则进行。

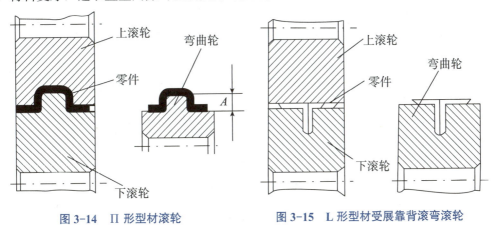

图 3-14　Π 形型材滚轮　　　　**图 3-15　L 形型材受展靠背滚弯滚轮**

3）Z 形型材滚轮。此类型材刚度大，直边处更难变形，故滚轮上要设计顶块，以减少弯边凹陷（图 3-17）。

4）组合式滚轮。由于材料厚度公差不稳定，故上、下滚轮最好采用组合结构（图 3-18），以便根据实际厚度调整间隙。

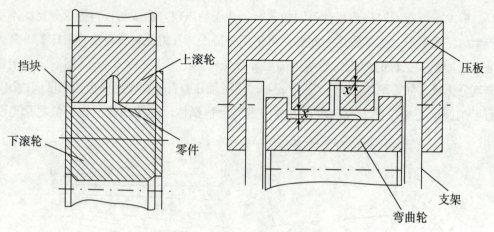

图 3-16　L 形型材受压靠背滚弯滚轮

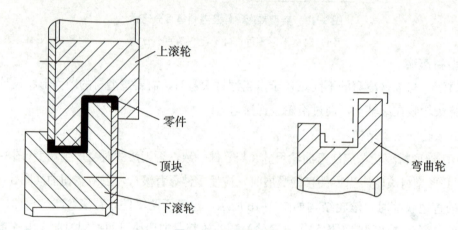

图 3-17　Z 形型材滚轮

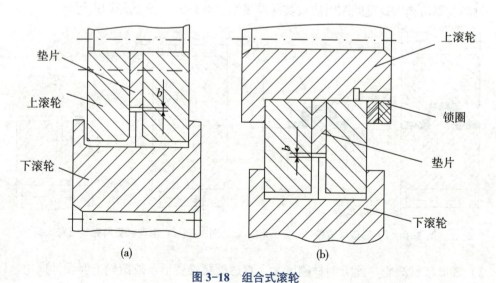

(a)　　　　　　　　　　　　(b)

图 3-18　组合式滚轮

（a）带垫片组合滚轮；（b）组合式螺纹连接滚轮

（2）操作方法。

1）检查开关是否良好，模具是否洁净。

2）安装调整模具，使上下滚轮、弯曲轮的中心线在同一平面内（可用加垫方法调整），并使滚轴轴线平行。

3）按零件的滚弯曲率要求初步调整弯曲轮至上下滚轮的距离。

4）擦净毛料表面污物并润滑。

5）滚弯时分次缩短弯曲轮的距离，逐步成型弧度，并准确控制机床的启动与停止，当零件滚弯产生偏斜、扭曲及伤痕时，应及时取下零件排除后再进行滚弯。

（3）操作要点。

1）上下滚轮间隙调整要适当。间隙过小，材料受压面被碾薄；间隙过大，材料受压面不平，会引起截面畸变。弯曲轮间距每次缩短太多，将使弯曲半径显著变小，易使收缩的立边失稳起皱，如果是受展的，立边则易撕裂。

2）滚弯后零件的弧度要略小于要求的弧度，以便补偿滚后校形的弧度增大。

3）不对称型材要组合成对称型材滚弯，这是提高滚弯质量的重要方法。

4）滚弯中要充分发挥材料的塑性，如加强滚轮润滑以减少摩擦，提高熟练程度，减少滚弯次数，进而减少加工硬化，当然，必要时可增加中间退火工序。

5）滚弯时两端不能成型，会留有直线段，因此，毛料每端需留加工余量100~150 mm，以便滚弯后切除。

6）在多轴滚弯机滚弯成型时，安装滚轮要注意保持基本中心线成一直线，再根据主滚轮的位置调整好辅助导轮及导板的位置，同时，滚弯毛料宽度要符合要求，否则不能保证零件质量和毛料的正常送进。

（4）型材滚弯常见质量故障、原因分析与排除方法见表3-3。

表 3-3 型材滚弯常见质量故障、原因分析与排除方法

序号	故障内容	原因分析	排除方法
1	断面畸变	（1）型材截面刚性不一。 （2）型材截面受压不均，根部过压产生开斜角，梢部过压产生闭斜角。 （3）模具与型材断面不一致	（1）加强模具刚性支衬。 （2）保持机床主轴平行，模具间隙保持均匀。 （3）排除模具故障
2	纵向扭曲	（1）型材截面不对称的影响。 （2）模具间隙不均，致使型材受压不均	（1）采用组合滚弯消除非对称影响。 （2）机床主轴要平行，刚性要好。 （3）增加模具支持作用
3	皱纹	（1）一次收缩变形量太大，材料失稳。 （2）模具间隙小，型材不易收缩	（1）弯曲轮调整要适当。 （2）根据材料实际厚度调整间隙。 （3）排除皱纹再滚

序号	故障内容	原因分析	排除方法
4	裂纹	（1）弯曲变形过量，弯曲轮调整不当。 （2）材料冷作硬化严重、未消除。 （3）边缘状况不好	（1）一次成型弧度不宜太大。 （2）减少有害摩擦，减少加工硬化。 （3）增加中间退火。 （4）砂光边缘毛刺
5	零件 R 部分出现凹陷	主轴偏斜松动	调整机床
6	表面质量差	（1）型材断面与模具尺寸不符，导致擦伤。 （2）模具表面不光，产生咬伤。 （3）毛料表面不清洁，造成压伤	（1）型材断面尺寸要预先保证。 （2）提高模具耐磨度，降低粗糙度，并加强润滑。 （3）滚前擦净毛料表面
7	直线段和过渡段	弯曲轮至导轮间的距离不合适	（1）调整弯曲轮至导轮间的距离。 （2）采用预成型的工艺措施（滚弯前将毛料的两端进行预成型，然后滚弯），或滚弯后修整

3. 滚弯机安全责任操作手册

（1）操作人员要熟知各开关位置、作用，其只有一个电源开关和正反转开关。

（2）操作前先检查齿轮是否有润滑油，油箱是否有机油。然后空机运行听其声音，以确定机器运行是否正常。

（3）根据所需生产管型选择合适轮子安装，安装时注意三个轮子要在同一水平面上，确保所弯的管子，平整不扭曲。

（4）操作人员试制样件时要使用短料，长度不能超过 450 mm，以免造成材料浪费，之后比对样品，确认弯度，同时要观察管子是否刮伤，尤其外露产品。弯度确认后将定位锁紧。

（5）首件由班长、主管确认方可生产。生产中要使用正确的方法，严禁酒后操作，送料的手将管子放到所需位置时必须及时松开，不可超过安全区域。

（6）加工好的材料不能放地上，要清点数量并捆扎好，摆放整齐放入料车。

（7）数量较多时，生产过程中要常自检，与首件比对，确定无异常后才可以批量生产。

（8）机器运行中如发现异常状况，须关闭电源，并通知专业人员进行检修。避免因螺栓松动等原因造成不良产品。

（9）机器使用完毕及时关闭电源，清理废料，并把模具归位，机器进行日常维护。

3.4 知识链接二

3.4.1 拱曲的基本内容

（1）拱曲。将板料用手工锤击的方法，制成凹凸曲面形状零件的操作称为拱曲。用拱曲制出的部分零件如图 3-19 所示。

拱曲

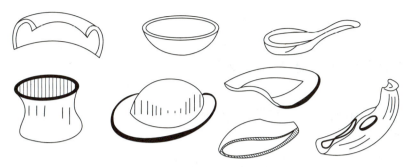

图 3-19 拱曲零件

（2）原理。板料周边起皱向里收缩，使中间展放向外拉，逐渐成为凸凹曲面的零件。例如制半球形（图 3-20），先使板料周边起皱向里收缩，然后在材料的中部加以锤击展放向外拉伸，这样反复进行，就可制成半球形。拱曲零件因边缘收缩变厚，底部受拉变薄，如图 3-21 所示。

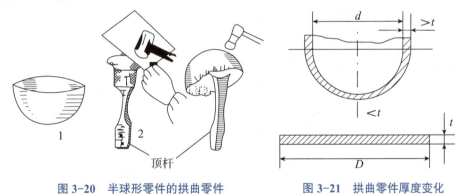

图 3-20　半球形零件的拱曲零件
1—皱缩；2—伸展中部或修光

图 3-21　拱曲零件厚度变化

（3）手工拱曲工具。手工拱曲工具有木榔头、金属榔头、砧座、顶杆和模具等。

3.4.2　拱曲的方法及操作

拱曲的方法有冷拱曲和热拱曲两种。

1. 冷拱曲

冷拱曲的方法有三种，即用顶杆手工拱曲、在模胎上手工拱曲和在砧座上手工拱曲。

（1）用顶杆手工拱曲。用顶杆手工拱曲方法可拱曲深度较大的零件，在顶杆上用收缩和排展交错的方法进行。

1）操作步骤。

①将毛料的边缘做出皱。

②在顶杆上将边缘的皱褶打平，使边缘的毛料因收缩而向内弯曲。

③用木榔头轻而均匀地锤击中部，使中间的毛料伸展。

④用平头榔头在圆顶杆上将拱曲好的零件进行修光，再按要求画出零件边沿线，按线

切割、去毛刺，继续后面的各工序。

2）操作要点。

①锤击零件中部时要轻而均匀，且锤击位置要稍过支点，木榔头要握紧，防止打偏而产生严重锤痕。

②锤击时要不断旋转毛料，根据目视随时调整锤击部位，使零件表面光滑，并用切面样板控制拱曲程度。

③不能集中到一处锤击，以免中部毛料伸展过多而凸起。

（2）在模胎上手工拱曲。在模胎上手工拱曲方法可拱曲尺寸较大、深度较浅的零件。

1）操作步骤。

①拱曲时，先将毛料压紧在模胎上，从边缘开始逐渐向中心部位锤击，如图 3-22 所示。图 3-22（a）、（b）、（c）是手锤由边缘逐渐向中心的拱曲过程；图 3-22（d）是利用橡胶伸展毛料。

②用平头锤在顶杆上修光锤击的锤痕。

2）操作要点。

①锤击要轻而均匀，分几次拱曲，使毛料逐渐向下凹，均匀伸展直到毛料全部贴模。

②锤击过程中可在橡皮、软木、砂袋上辅助伸展毛料，如图 3-22（d）所示。

③达到所需形状后在顶杆上修光锤击的锤痕。

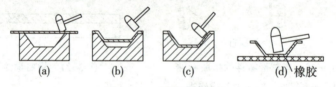

（a）　　　　（b）　　　　（c）　　　　（d）橡胶

图 3-22　在模胎上拱曲

（a）～（c）手锤由边缘逐渐向中心的拱曲过程；（d）在橡胶上伸展

（3）在砧座上手工拱曲。拱曲砧座可用硬木、铅砧等做成不同尺寸的浅坑。拱曲手锤锤面有不同的尺寸，根据零件凹陷的大小和深浅选用，如图 3-23 所示。

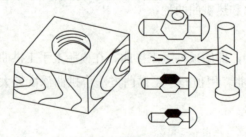

图 3-23　砧座及拱曲锤

1）先从毛料的外缘开始拱曲，如图 3-23 所示。

2）每锤击一下即转动毛料，使圆周变形均匀，由外向内，逐渐进行，如图 3-24、图 3-25 所示。

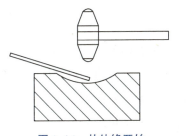

图 3-24 从外缘开始

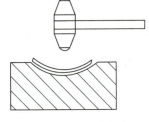

图 3-25 由外向内

2. 热拱曲

（1）定义。通过加热使板料拱曲成型的方法称为热拱曲。

（2）应用。热拱曲主要用于厚板料的拱曲。

（3）原理。利用金属的热胀冷缩原理（有时再辅加外力）来进行拱曲（图 3-26）。在毛料 A 处三角形 abc 加热后，因外部冷，无法向外膨胀，只能被压缩变厚。原三角形 abc 被收缩成 a_1bc_1，故 A 处毛料经加热冷却而收缩变厚，如果沿毛料对称而均匀地进行分区加热，便可收缩成热拱曲零件（图 3-27）。

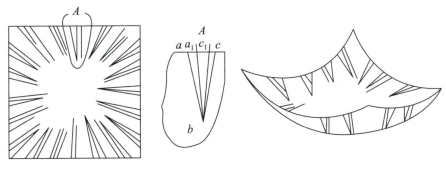

图 3-26 热拱曲原理   图 3-27 热拱曲零件

（4）操作要点。

1）若加热点多，点的范围大，则拱曲度也大。

2）加热温度根据材料确定，加热工具可用喷枪。

3）双曲度零件可先滚弯，按样板确定加热点，固定后，在压紧情况下进行加热拱曲，如图 3-28 所示。

4）用样板控制拱曲度，拱曲度不够要加热再收缩，但加热部位不应重复，同时，热拱曲过程要配合手工修整。

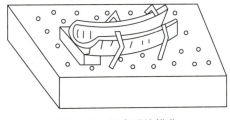

图 3-28 压弯后热拱曲

3.4.3 拱曲零件毛料尺寸的计算

拱曲零件的毛料尺寸常采用计算法和实际比量法确定。

（1）计算法。按表3-4中公式计算毛料尺寸，为近似值，可根据需要再留一定余量。

（2）实际比量法。用透明纸或塑料薄膜按实物或模具的形状压成皱褶包在实物或模胎上，沿边缘切割线剪下来，再将纸或塑料薄膜展开加余量即毛料。

表 3-4 拱曲零件毛料尺寸计算公式

序号	图例	毛料直径
1		$D_{毛}=\sqrt{2d^2}=1.41d$
2		$D_{毛}=\sqrt{C^2+4h^2}$
3		$D_{毛}=\sqrt{d_2^2+4h^2}$
4		$D_{毛}=\sqrt{d^2+dh}$

3.4.4 拱曲时注意事项

（1）原材料要求有好的延展性，在冷拱曲过程中如果产生加工硬化，要及时进行中间退火。

（2）毛料余量不能太大，否则很难收缩。在拱曲前应先检查表面质量，有划伤的一面要朝内。

（3）准备切面样板，检查拱曲形状。

（4）在拱曲、收缩时，要恰当选择顶铁、榔头，否则会因效率低、加工硬化加剧而导致破裂。

（5）厚薄控制要恰当。

3.4.5 拱曲常见质量故障、原因分析与排除方法

拱曲常见质量故障、原因分析与排除方法见表 3-5。

表 3-5　拱曲常见质量故障、原因分析与排除方法

序号	故障内容	原因分析	排除方法
1	深度不够	（1）边缘收缩量不足； （2）中间未充分展开	（1）增加收缩量； （2）适当排放
2	榔头印痕	（1）锤击不均； （2）榔头使用不当； （3）榔头不光	（1）均匀锤击； （2）放料采用胶木榔头，收边采用木榔头； （3）砂光榔头工作面
3	底部拉裂	（1）放量过大； （2）毛料表面有缺陷	（1）改进操作方法，展开要均匀； （2）选用合格的材料
4	边缘裂纹	（1）死皱重叠； （2）加工硬化； （3）应力集中	（1）正确消皱，防止皱纹堆积； （2）增加中间退火； （3）随时修光边缘毛刺和微小裂纹

3.5 任务实施一

3.5.1 飞机蒙皮制作工卡

飞机钣金加工课程实训操作工卡见表 3-6。

表 3-6　飞机钣金加工课程实训操作工卡

工卡号：460601-GK-01-R1

任务编号	3-3		
题名	飞机单曲度蒙皮制作		
工作区域	飞机数字化装配实训中心——钣金区		
工时 /min	100	开始时间	结束时间
技能训练要求	（1）能正确修整木榔头； （2）能熟练使用木榔头进行板材的校正操作； （3）具备处理零件质量故障的能力； （4）会正确使用样板检查零件质量		
职业素养养成 安全注意事项	（1）严格遵守操作规程，不违规操作； （2）操作人员应穿戴好个人防护用品，包括实训服、棉线手套、耳塞、护目镜等； （3）工量具按要求摆放整齐，轻拿轻放，量具使用完注意清洁； （4）操作中经常检查榔头，不能有掉头现象； （5）铁砧要夹持牢固，避免在锤击过程中掉落； （6）实训室实行 6S 管理		

工量具 / 设备 / 耗材 / 劳保用品					工作者	检查者
类别	名称	规格型号	单位	数量		
工量具	直口剪	10 in	把	1		
	弯口剪	8 in	把	1		
	铁砧	50 mm×50 mm	个	1		
	铝榔头	$\phi 25$ mm，$\phi 140$ mm	把	1		
	木榔头	$\phi 60$ mm，$\phi 140$ mm	把	1		
	折波钳	通用	把	1		
	平锉刀	8 in	把	1		
	记号笔	得力 No.6824	支	1		
	直角尺	0~300 mm	把	1		
	游标卡尺	0~150 mm	把	1		
	塞尺	0.05~1 mm	把	1		
	弧度样板（专用）	专用	个	1		
	台虎钳保护垫	150 mm	副	1		
	毛刷	3 in	把	1		
设备	滚弯机	800 mm，$R3$ mm	台	（公用）		
	剪板机	1 200 mm×$\delta 2$ mm	台	（公用）		
耗材	砂纸	120 目	张	1		
	铝板	3A21-O-$\delta 1.2$ mm	块	按需		
劳保用品	耳塞	通用	副	1		
	护目镜	通用	副	1		
	棉线手套	通用	副	1		
工作准备						
（1）清点工具设备； （2）检查工具情况，外表完好无损，功能正常；计量工具在有效期内； （3）领取耗材，耗材应符合标准； （4）在工具交接单上签字						
操作步骤						
（1）操作准备。 1）识读与理解零件图纸尺寸，理解工作任务； 2）检查材料规格、表面质量； 3）依据图纸尺寸，计算材料展开尺寸； 4）确定板料纹路方向，剪切下料，去毛刺； ※ 警告：剪切时，请戴好棉线手套						

操作步骤		
5）检查画线尺寸，符合图纸要求。 6）在滚弯机上进行滚弯。 7）使用外形样板检查弯区弧度是否符合图纸要求。 ※注意：弧度不符合要求时，调整滚弯机调整轮进行校正。 （2）操作实施。 1）修整木榔头符合操作要求。 ※警告：修锉时，请戴好护目镜。 ※注意：木榔头平头面光滑，外缘带有圆弧过渡。 2）用平头锤击，锤击零件表面时锤头中心线必须与零件表面垂直，以免对零件表面锤出凹痕。 ※警告：锤击时，请戴好棉线手套和耳塞。 ※注意：不能使用锤外侧进行锤击，否则零件表面会锤出凹痕。 3）换用平头锤击，使第一步未锤击部位延展。 ※注意：平头锤击时，要减小力度，否则零件宽度会增加过多，板材变薄量过多，影响弧度变形。 4）在零件反面，用平头锤击消除变形，使零件表面平整。 ※注意：平头锤击时，要减小力度，否则零件宽度会增加过多，板材变薄量过多，影响弧度变形。 5）用锉刀去除加工面边缘毛刺，再用砂纸打磨光滑。 ※注意：必须保证板料边缘光滑，否则容易产生裂纹。 6）进行滚弯操作时必须使用样件操作，调整滚弯机滚轮距离，控制弯曲度。 ※注意：常用样板检查滚弯弧度情况，避免弯曲过量。 7）擦净毛料表面污物并润滑。 ※注意：力度适中，逐步修整。 8）滚弯时分次缩短弯曲轮的距离，逐步成型弧度。 ※注意：当零件滚弯产生偏斜、扭曲及伤痕时，应及时取下零件，排除后再进行滚弯。 9）用样板检查放边弧度是否符合图纸要求。 ※注意：弧度不符合要求，大于样板尺寸继续锤放，小于样板尺寸适当收边。 10）剪切余料，修锉外形尺寸，去除毛刺。 ※警告：锉修时，请戴好护目镜。 （3）操作收尾。 1）按图纸要求检查零件尺寸； 2）在工件合适处写上姓名、学号； 3）上交工件		
结束工作		
（1）清点工具和设备，数量足够； （2）清扫现场； （3）在工具交接单上签字		
———————————————— 工卡结束 ————————————————		

3.5.2　操作过程中的安全注意事项

具体内容同项目 1，本处不再赘述。

3.5.3 实施过程

（1）识读工卡，确认工卡内容与工作内容是否一致。

（2）检查材料规格、外形尺寸是否符合要求及表面是否有损坏。

（3）依据图纸尺寸画线。

1）弯曲加工量；

2）收缩段；

3）平直部分尺寸；

4）展开料总长度；

5）去除零件表面毛刺（图3-29、图3-30）；

6）根据图纸画出尺寸界线。

（4）检查画线尺寸，符合图纸要求。

1）仔细核对所画的线条是否一致；

2）线条清晰。

图3-29 去除棱边毛刺

图3-30 使用砂纸抛光

（5）正确使用滚弯机对零件进行弯曲（图3-31、图3-32）。

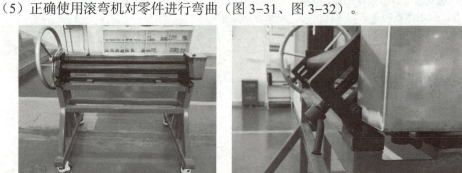

图3-31 三轴滚弯机　　　　图3-32 三轴滚弯机调节螺钉

1）塞入滚弯机，俯视准线位置（图3-33）；

2）弯曲准线与滚弯机上压板外缘重合，测量露出宽度（图3-34）；

3）缓慢转动手柄弯折板料，防止零件掉落变形（图3-35、图3-36）；

图3-33 零件塞入角度检查

图3-34 零件塞入检查

图3-35 缓慢转动手柄　　　　图3-36 滚弯操作快完成时防止零件掉落变形

4）使用检验样板检查角度与尺寸。

（6）蒙皮边缘校正演示。对零件制作过程中操作技巧进行演示，解决重难点问题。

1）使用橡胶或木榔头平头锤击；

2）换用平头锤击，使第一步未锤击部位延展；

3）在零件反面，用平头锤击消除变形，使零件表面光滑（图3-37）；

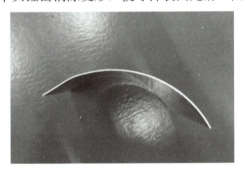

图3-37 使用橡胶榔头整形

4）用锉刀去除加工面边缘毛刺，再用砂纸打磨光滑；

5）锤击点要外密内疏，锤痕要呈放射状；

6）锤放边必须与铁砧表面平行并紧贴。

（7）自检。

1）按图纸要求检查零件尺寸；

2）在工件合适处写上姓名、学号；

3）上交工件。

（8）6S管理。

1）清点工具和设备，数量足够；

2）清扫现场；

3）在工具交接单上签字。

　　小提示：正确使用样板检查蒙皮质量，能确保零件的制作质量，有效避免零件报废，养成产品质量控制与提高产品合格率的意识。

3.5.4 故障分析与处理

1. 故障分析

（1）翘曲。弯曲弧度不对：调整活动轮距离，保证两边距离一致（图3-38）。

图 3-38 调整滚弯机滚轮距控制零件弧度

（2）外形与样板不符：弧度偏大。调整轮距离偏大：大于样板弧度，缩小活动杆距离。

（3）外形与样板不符：弧度偏小。调整轮距离偏小：小于样板弧度，增加活动杆距离。

2. 注意事项

（1）操作过程认真仔细，注意样件、零件垂直于卷板机；

（2）卷板操作时要使用样件进行试卷操作，合格后才能对零件进行操作；

（3）操作完成时，要修锉外缘并砂光；

（4）遵循标准，严谨细致。

3.6 任务实施二

3.6.1 飞机整流罩制作工卡

飞机钣金加工课程实训操作工卡见表3-7。

表 3-7 飞机钣金加工课程实训操作工卡

工卡号：460601-GK-02-R1

任务编号	3-4				
题名	飞机整流罩制作				
工作区域	飞机数字化装配实训中心——钣金区				
工时 /min	100	开始时间		结束时间	
技能训练要求	（1）能正确修整木、橡胶榔头； （2）能熟练使用木、橡胶榔头进行打薄锤放操作； （3）具备处理零件质量故障的能力； （4）会正确使用样板检查零件质量				

职业素养养成安全注意事项	（1）严格遵守操作规程，不违规操作； （2）操作人员应穿戴好个人防护用品，包括实训服、棉线手套、耳塞、护目镜等； （3）工量具按要求摆放整齐，轻拿轻放，量具使用完成后注意清洁； （4）操作中经常检查榔头，不能有掉头现象； （5）铁砧要夹持牢固，避免在锤击过程中掉落； （6）实训室实行 6S 管理					

工量具 / 设备 / 耗材 / 劳保用品					工作者	检查者
类别	名称	规格型号	单位	数量		
工量具	直口剪	10 in	把	1		
	弯口剪	8 in	把	1		
	铁砧	50 mm×50 mm	个	1		
	整流罩模胎	专用	副	1		
	木榔头	ϕ 60 mm，ϕ 140 mm	把	1		
	橡胶榔头	ϕ 60 mm，ϕ 140 mm	把	1		
	平锉刀	8 in	把	1		
	记号笔	得力 No.6824	支	1		
	直角尺	0~300 mm	把	1		
	游标卡尺	0~150 mm	把	1		
	塞尺	0.05~1 mm	把	1		
	检验样板（专用）	专用	个	1		
	台虎钳保护垫	150 mm	副	1		
	毛刷	3 in	把	1		
设备	折弯机	800 mm，$R3$ mm	台	（公用）		
	剪板机	1 200 mm×$\delta2$ mm	台	（公用）		
耗材	砂纸	120 目	张	1		
	铝板	3A21-O-$\delta1.2$ mm	块	按需		
劳保用品	耳塞	通用	副	1		
	护目镜	通用	副	1		
	棉线手套	通用	副	1		
工作准备						
（1）清点工具设备； （2）检查工具情况，外表完好无损，功能正常；计量工具在有效期内； （3）领取耗材，耗材应符合标准； （4）在工具交接单上签字						

操作步骤		
（1）操作准备。 1）识读与理解零件图纸尺寸，理解工作任务。 2）检查材料规格、表面质量。 3）依据图纸尺寸，计算材料展开尺寸。 4）确定板料纹路方向，剪切下料，去毛刺。 ※警告：剪切时，请戴好棉线手套。 5）检查画线尺寸，符合图纸要求。 6）弯折角度应符合图纸要求。 ※注意：角度不符合要求时，使用木榔头进行校正。 （2）操作实施。 1）修整木、橡胶榔头符合操作要求。 ※警告：修锉时，请戴好护目镜。 ※注意：木、橡胶榔头扁头呈圆弧状并中间高两端低，平头平面光滑外缘带有圆弧过渡。 2）用扁头锤击，锤击宽度约占加工面的 3/4。 ※警告：锤击时，请戴好棉线手套和耳塞。 ※注意：不能锤击内侧圆弧处，否则零件扭曲和角度变形。 3）换用平头锤击，使第一步未锤击部位延展。 ※注意：平头锤击时，要减小力度，否则零件宽度会增加过多，板材变薄量过多，影响弧度变形。 4）在零件反面，用平头锤击消除变形，使零件表面平整。 ※注意：平头锤击时，要减小力度，否则零件宽度会增加过多，板材变薄量过多，影响弧度变形。 5）用锉刀去除加工面边缘毛刺，再用砂纸打磨光滑。 ※注意：必须保证板料边缘光滑，否则容易产生裂纹。 6）重复 2）~5）步骤，放边弧度至 95%。 ※注意：常用样板检查放边弧度情况，避免放边过量。 7）用木榔头平头端，采用打滑锤的方式，修整锤痕。 ※注意：力度适中，逐步修整。 8）用样板检查放边弧度是否符合图纸要求。 ※注意：弧度不符合要求，大于样板尺寸继续锤放，小于样板尺寸适当收边。 9）剪切余料，修锉外形尺寸，去除毛刺。 ※警告：修锉时，请戴好护目镜。 （3）操作收尾。 1）按图纸要求检查零件尺寸。 2）在工件合适处写上姓名、学号。 3）上交工件		
结束工作		
（1）清点工具和设备，数量足够； （2）清扫现场； （3）在工具交接单上签字		

———————————— 工卡结束 ————————————

3.6.2 操作过程中的安全注意事项

具体内容同项目1，本处不再赘述。

3.6.3 实施过程

（1）识读工卡。识读工卡，确认工卡内容与工作内容是否一致。

（2）检查材料规格、表面质量。检查材料规格、外形尺寸是否符合要求及表面是否有损坏（图3-49）。

（3）依据图纸尺寸画线（图3-40）。

图 3-39　零件材料

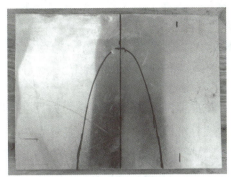

图 3-40　加工线

1）弯曲加工量；

2）收缩段；

3）平直部分尺寸；

4）展开料总长度；

5）去除零件表面毛刺，并由砂纸抛光（图3-41、图3-42）；

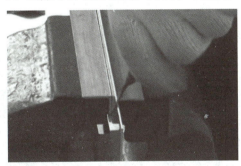

图 3-41　去除毛刺

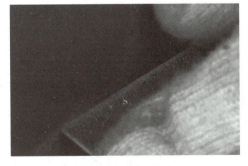

图 3-42　砂纸抛光

6）根据图纸画出尺寸界线。

（4）检查画线尺寸，符合图纸要求。

1）仔细核对所画的线条是否一致；

2）线条清晰。

（5）在木质模具上对零件进行拱曲操作。

1）在木质模具上对零件进行初步拱曲操作（图3-43）；

2）使用木榔头或橡胶榔头（图3-44）；

图3-43　木质凹槽

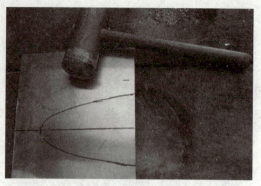

图3-44　选择合适模具

3）拱曲范围不要超过画线区域（图3-44）；

4）在标准模胎（图3-45）上对零件进行整形合模加工（图3-46）；

图3-45　标准凹模

图3-46　合模

5）用外形样板检查拱曲高度与尺寸（图3-47）；

6）用内形样板检查拱曲高度与尺寸（图3-48）；

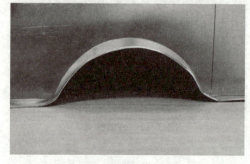

图3-47　外形样板检查

图3-48　内形样板检查

7）使用外形样板（图3-49）对零件轮廓进行检查（图3-50）。

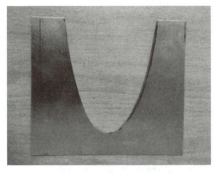

图 3-49　轮廓样板

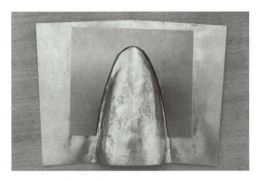

图 3-50　轮廓样板检查

（6）模具整形演示。对零件制作过程中的操作技巧进行演示，解决重难点问题。

1）使用木榔头锤击时，锤击角度与零件表面成45°~60°夹角（图3-51）；

图 3-51　锤击角度与零件表面成 45°~60° 夹角

2）换用圆头锤击，使第一步未锤击部位延展；

3）在零件反面，用平头锤击消除变形，使零件表面光滑，用检验样板检查内、外圆弧（图3-52、图3-53）；

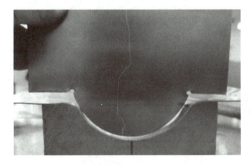

图 3-52　检验样板检查内圆弧图

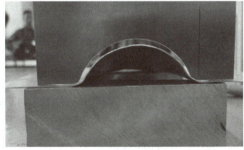

图 3-53　检验样板检查外圆弧

4）用锉刀去除加工面边缘毛刺，再用砂纸打磨光滑；

5）锤击点要外密内疏，锤痕要呈放射状；

6）锤放边必须与铁砧表面平行并紧贴。

注意事项如下：

1）锤击时，不能锤击内侧边缘，否则会使零件扭曲和角度变形；

2）平头锤击时，要减小力度，否则零件宽度会增加过多，板材变薄量过多，影响弧度变形情况，主要用于修整；

3）经常用样板检查弯曲度，避免放边过量，否则不易修正，还可能报废（图3-54）；

4）在锤放过程中，出现裂纹要及时剪掉、砂光；

5）不能使用蛮力进行锤击，否则出现锤痕难以消除、加工硬化、板料裂纹等情况；

6）锤击位置要正确，重复多次锤击一个位置板料易加工硬化；

7）样板检查合格后去除多余量，去除毛刺（图3-55）。

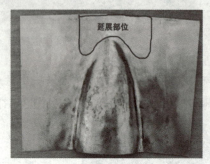 

图 3-54　平面校正　　　　　图 3-55　去除多余量

（7）自检。

1）按图纸要求检查零件尺寸；

2）在工件合适处写上姓名、学号；

3）上交工件。

（8）6S管理。

（1）清点工具和设备，数量足够；

（2）清扫现场；

（3）在工具交接单上签字。

3.6.4　故障分析与处理

1. 故障分析

（1）在木质模具上对零件进行初步拱曲操作。凹槽尺寸过大或过小：根据零件尺寸选择合适的凹槽。

（2）零件表面翘曲。

1）锤放面与铁砧不平行：放平锤放。

2）拱曲造成零件扭曲引起：尽量避免，对零件局部进行延展或收缩处理。

（3）外形与样板不符。锤放量不当：大于样板增加锤放量，小于样板适当收边。

（4）零件表面质量差。

1）用力不均匀：锤要击平，均匀用力。

2）工具不当：修整工具，更换工具。

（5）裂纹：尽量避免。

1）边缘不光：锤击集中；变形量过大等。

2）打光边缘：及时排除裂纹；改进操作方法。

注意事项如下：

1）操作过程认真仔细，注意锤击位置的正确性；

2）放平锤放，均匀锤放，力度适中；

3）收边时，要修锉外缘并砂光；

4）遵循标准，严谨细致。

2. 质量故障的处理

（1）合理选用适当的工具，榔头端面要光滑；

（2）锤痕均匀平滑，不能打出坑或"月牙"印；

（3）不能锤击弯曲根部；

（4）锤击点要外密内疏，锤痕要呈放射状；

（5）锤放边必须与铁砧表面平行并紧贴；

（6）经常用样板检查弯曲度，避免放边过量；

（7）经常修锉外缘并砂光，及时去除裂纹；

（8）不要过度用力锤击；

（9）正确的锤击方法能有效避免加工硬化。

3.7 考核与评价

（1）实训操作评估单见表3-8。

（2）职业素养考核见表3-9。

表 3-8　实训操作评估单

实操题名：飞机蒙皮制作		实训评估单号：460601-PGD-03-R1		配套实训工卡号：460601-GK-03-R1	
姓名		班级		学生学号	
工作步骤		评分要素			
		基本技能		职业素养	
准备（15分）	1	工具/设备/材料等准备：（1）工具借用准备；（2）按工具清单清点工具/设备/材料；（3）量具有效性检查	（1）工具准备不到位，扣2分；（2）工具未清点，扣2分；（3）量具未检查有效性，扣2分	扣分值： 理由：	（1）工具摆放不规范，扣2分；（2）未按工具清单清点工具，扣2分；	扣分值： 理由：

工作步骤			评分要素			
			基本技能		职业素养	
准备（15分）	1	安全准备： （1）个人安全防护用品已佩戴； （2）设备安全使用注意事项已阅读； （3）与相关人员的安全沟通已执行			（3）安全防护用品佩戴或使用不规范，扣3分； （4）有损伤工具设备的行为，扣2分	
操作过程规范（30分）	2	（1）识读工卡； （2）检查材料规格、表面质量； （3）依据图纸尺寸，计算材料展开尺寸； （4）确定板料纹路方向，剪切下料，去毛刺； （5）检查画线尺寸，符合图纸要求； （6）在滚弯机上使用样件进行弯折； （7）检查弯折角度是否符合图纸要求； （8）使用零件进行滚弯操作； （9）用锉刀去除加工面边缘毛刺，再用砂纸打磨光滑	扣分值： 理由： （1）未识读工卡，扣2分； （2）未进行板料质量检查，扣2分； （3）不按基准画线，扣2分； （4）未使用样板检查放边情况，扣2分； （5）木榔头修整不符合要求，扣2分； （6）木榔头使用不熟练，扣2分； （7）锤击过程中未修锉边缘毛刺，扣2分； （8）操作失误导致板料报废，可申请补发材料，每次扣10分，累计扣分		扣分值： 理由： （1）操作过程中工量具随意摆放、不爱惜工量具，扣2分/次，最多扣6分； （2）工具使用不当、设备不按操作规程使用，扣2分/次，最多扣6分； （3）耗材随意乱扔，扣2分； （4）出现明显失误造成工具、设备损坏，终止考试； （5）出现安全事故，终止考试	
作品（40分）	3	（1）外形尺寸检查； （2）垂直度检查； （3）零件表面质量检查	扣分值： 理由： （1）尺寸20 mm±0.5 mm，每超差0.5 mm扣1分，最多扣4分； （2）垂直度90°±30′，每超差30′扣1分，最多扣6分； （3）零件与样板贴合度±0.5 mm，每超差0.5 mm扣1分，最多扣6分； （4）零件为半圆形，与样板不符的，按超差程度扣分，最多扣4分； （5）零件未去毛刺，每处扣1分，最多扣4分； （6）零件弯折角有损伤，按轻重程度扣分，最多扣6分； （7）零件表面有锤痕，按轻重程度扣分，最多扣6分；		N/A	N/A

工作步骤			评分要素		
			基本技能	职业素养	
作品（40分）	3		（8）作品出现明显变形，每处扣1分，最多扣4分； （9）零件出现裂纹，该大项不计分； （10）零件与图纸尺寸要求严重不符或零件质量严重不符合要求，该大项不计分	N/A	N/A
收尾（15分）	4	工作收尾。 （1）工件署名，上交。 （2）按工具清单清点工具。 （3）清洁工作区域。 （4）归还工具，耗材。 （5）签署工卡	（1）工具未清点，扣2分； （2）未按工具清单清点工具，扣2分； （3）未归还工具、耗材，扣2分； （4）工卡签署不规范，扣1分/处，最多扣3分	扣分值： 理由：	（1）工具未整理，扣2分； （2）工作区域未清洁扣2分； （3）工件未署名，扣2分	扣分值： 理由：
标准工时/min	250	实际工时	（1）未在标准工时内完成，扣2~10分； （2）每超5 min扣2分，最多扣10分，不足5 min按5 min计算	扣分值： 理由：	
考生分数		是否通过	是□　　否□	评估员签字： 年　　　月　　　日	

表 3-9　职业素养考核评价标准

考核项目		考核内容	配分	扣分	得分
加工前准备	纪律	服从安排；场地清扫等；违反一项扣1分	2		
	安全生产	安全着装；按规程操作等；违反一项扣1分	2		
	职业规范	机床预热、按照标准进行设备点检；违反一项扣1分	4		
加工操作过程	文明生产	每打一次刀扣2分	4		
		工具、量具、刀具定制摆放，工作台面整洁等；违反一项扣1分	4		
	违规操作	用砂布、锉刀修饰；锐边没倒钝，或倒钝尺寸太大等没按规定的操作行为，扣1~2分	2		

考核项目		考核内容	配分	扣分	得分
6S 管理	清洁、清扫	清理机床内部的铁屑，确保机床表面各位置的整洁，清扫机床周围的卫生，做好设备的保养；违反一项扣 1 分	4		
	整理、整顿	工具、量具的整理与定制管理；违反一项扣 1 分	4		
	素养	严格执行设备的日常点检工作；违反一项扣 1 分	4		
出现严重违反设备操作规程或工伤事故		出现严重违反设备操作规程或工伤事故，整个测评成绩记 0 分			
合计			30		

3.8 总结与提高

3.8.1 项目实施情况分析

项目完成后，学员根据项目实施情况，分析存在的问题及原因，并填写表 3-10。指导教师对项目实施情况进行讲评。

表 3-10 操作基础项目实施情况分析表

项目实施过程	存在的问题	解决的办法
项目操作		
安全文明生产		

3.8.2 总结

（1）组内自评。

1）将完成的作品拍照上传至资源库平台，并标注存在的问题；

2）组内成员对小组内作品评分并提出自己的见解，组长对本组操作情况进行总结。

（2）教师点评。

1）教师依照评估单对学生作品打分，同时可以作为学生的一次实操成绩；

2）教师点评学生完成质量，指出共性问题，督促学生及时改正，提高学生的操作技能。

（3）延伸学习。学习新型设备成型方式的相关资料。

（4）课后作业。

1）什么是拱曲？手工拱曲常用的工具有哪些？（初级工）

2）拱曲的操作方法及要点是什么？（中级工）

3）根据图纸（图 3-56）编写多曲度蒙皮的加工工艺过程卡。

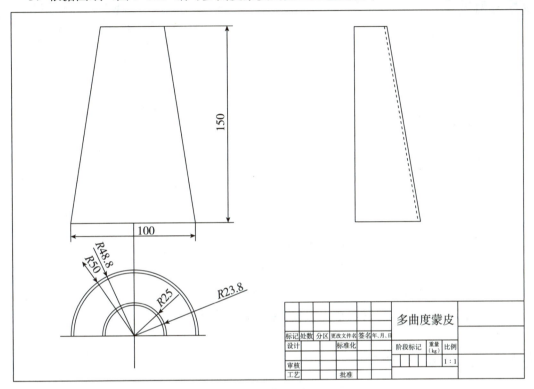

图 3-56 多曲度蒙皮制作

飞机桁条的制作

4.1 学习目标

知识目标

（1）掌握弯曲的定义和变形的特点；

（2）熟悉手工弯曲常用工具与设备；

（3）掌握最小弯曲半径和弯曲回弹的意义；

（4）熟悉弯曲零件展开尺寸的计算方法；

（5）掌握手工弯曲成型的基本方法和操作要点。

能力（技能）目标

（1）能根据计算结果准确剪切下料；

（2）能熟练使用手工剪切常用工具与设备；

（3）能熟练使用手工放边的操作方法制作零件；

（4）能采用正确的方法校正零件；

（5）能排除手工弯曲操作过程中常见的质量故障。

素质目标

（1）培养学生耐心细致、精益求精的工作态度；

（2）锻炼学生动手能力、团队合作能力、与人沟通的能力；

（3）培养学生按规章要求操作和质量控制的意识。

职业素养及安全文明生产

（1）坚持安全、文明生产规范，严格遵守车间制度和劳动纪律；

（2）着装规范（工作服、劳保鞋），不携带与生产无关的物品进入车间；

（3）实训现场工具、量具和刀具等相关物料的定制化管理；

（4）线上资源浏览：飞机钣金制造过程——热爱航空的情怀；

（5）工具准备：落实工具"三清点"制度；

（6）按图纸画线：严谨细致，按章操作；

（7）尺寸检查：零缺陷、无差错的质量意识；

（8）零件剪切：树立质量意识，不断提高产品质量；

（9）严禁徒手清除铁屑，气枪严禁指向人；

（10）正确使用折弯机折弯时，严禁多人同时操作同一台设备；

（11）培养学生勤学好问、勤于思考、规范操作、严谨工作的求学态度。

4.2 任务描述

桁条式机身没有桁梁（大梁），其只有桁条、隔框和蒙皮。这种机身结构桁条和蒙皮强度较高，受压稳定性好，弯矩产生的轴向力全部由蒙皮和桁条组成的壁板受拉、受压来承受。由于蒙皮加厚，改变了机身的空气动力性能，增大了机身结构的抗扭刚度，所以与桁梁式机身相比，它更适用于较高速飞机。

桁条作用是支撑蒙皮，提高蒙皮的承载能力，将气动力传递给翼肋。

4.2.1 问题提出

手工折弯和机械折弯、单个折弯和连续折弯的计算方法与质量故障、产生原因及排除方法。

4.2.2 案例引入

图片、实物展示：飞机长桁、肋板等构件。这些构件在损伤后如何制作？导入制作任务，制作飞机 Z 形桁条（图 4-1、图 4-2）。

图 4-1　某型飞机机身

图 4-2 某型飞机机身桁条切面

弯曲是钣金工作主要操作之一，主要介绍手工弯曲的操作方法、机械弯曲成型方法。机械弯曲是将板料、条料、型材、管材等，用机械的方法在塑性变形的范围内沿直线弯成一定的角度或一定的弧度的操作。目前采取的方法很多，这里重点了解飞机制造中常用的压弯、滚弯和拉弯三种机械弯曲的方法。

小提示：选择错误的弯曲方向可能造成板料报废，要判明材料纤维方向，杜绝随意蛮干，提高"零缺陷、无差错"的质量意识。

4.2.3　发布工作任务卡

飞机桁条制作工作任务卡见表 4-1、表 4-2。

表 4-1　工作任务卡

任务编号	4-1	难度等级	初级工
任务名称	飞机 Z 形桁条制作		
工作区域	飞机数字化装配实训中心——教学区		
建议学时	4 学时		
工作任务			

加工如图 4-3 所示的零件，毛坯为 105 mm×850 mm×1.2 mm 的板料，材料为 2A12-T4。

图 4-3　飞机钣金零件外形样板

技术要求：
（1）板材型号：2A12-T4-δ1.2 mm；
（2）所有未标注尺寸公差均为 ±0.5 mm；
（3）角度垂直度公差为 ±30′；
（4）边缘光滑、平直、无毛刺；
（5）零件平整无变形，表面无划伤、磕伤、压痕等机械损伤；
（6）零件不能有裂纹

表 4-2　工作任务卡

任务编号	4-2	难度等级	初级工
任务名称	飞机几字形桁条制作		
工作区域	飞机数字化装配实训中心——教学区		
建议学时	4 学时		
工作任务			

加工如图 4-4 所示的零件，毛坯为 105 mm×850 mm×1.2 mm 的板料，材料为 2A12-T4。

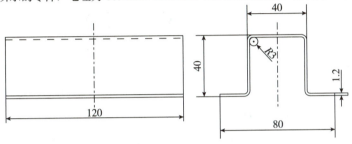

图 4-4　飞机几字形桁条

技术要求：
（1）板材型号：2A12-T4-δ1.2 mm；
（2）所有未标注尺寸公差均为 ±0.5 mm；
（3）角度垂直度公差为 ±30′；
（4）边缘光滑、平直、无毛刺；
（5）零件平整无变形，表面无划伤、磕伤、压痕等机械损伤；
（6）零件不能有裂纹

4.3 知识链接一

4.3.1　手工弯曲

1. 弯曲

将板材、型材或管材等弯成一定角度和曲度，形成一定形状零件的方法称为弯曲。

2. 弯曲的类型

（1）手工弯曲。手工弯曲是指用手工操作将板料沿直线或曲线弯曲成一定的角度或弧度的方法。

1）弯折。把原来是一个平面的板料弯成两个或两个以上平面的板料的操作称为弯折。

2）卷曲。把单平面的板料卷成一个单曲面（如圆筒等）的操作称为卷曲。

（2）机械弯曲。机械弯曲是指将板料、条料、型材、管材等，用机械的方法在塑性变形的范围内沿直线弯成一定的角度或一定的弧度的方法。

3. 典型弯曲件

典型弯曲件如图 4-5 所示。

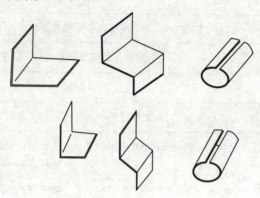

图 4-5　典型弯曲件

4. 手工弯曲所用工具

手工弯曲所用工具如图 4-6 所示。

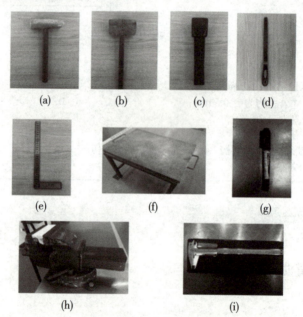

图 4-6　手工弯曲所用工具

（a）铝榔头；（b）木榔头；（c）铁砧；（d）锉刀；（e）直角尺；（f）校正平台；（g）记号笔；
（h）台虎钳；（i）游标卡尺

4.3.2　弯曲过程的变形分析

1. 分析条件

（1）冷弯状态。钣金工作大多是在室温下进行的，钢的再结晶温度约为 450 ℃，铝的再结晶温度约为 270 ℃，因而，钣金工作大多属于冷加工。

（2）假设板料弯曲后变形只发生在弯曲部位。

（3）为了便于观察变形情况，弯曲前在板料弯曲部分画出弯曲始线和弯曲终线（图 4-7）。

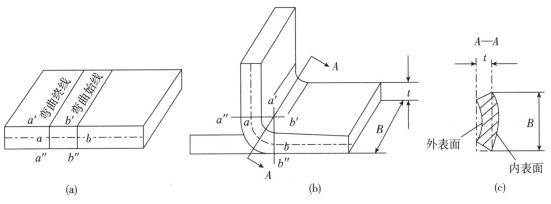

图 4-7　板料弯曲时的变形

（a）画出弯曲线的板料；（b）经弯曲成型的零件；（c）窄板料弯曲后的宽度变化

2. 变形分析

（1）弯曲前。板料断面上三条线段的长度相等，即 $a'b'=ab=a''b''$。

（2）弯曲后。

1）长度的变化。

①材料内层受压，长度缩短。

②材料外层受拉，长度伸长，即 $a'b' < ab < a''b''$。

③材料的中性层，长度不变。

2）宽度的变化。

①当弯曲宽度 $B \leqslant 3t$（t 为材料厚度）时，弯曲区的外表面宽度变窄，而其内表面宽度变宽。

②当弯曲宽度 $B > 3t$ 时，由于横向变形受到宽度方向大量材料的阻碍，宽度基本不变。

4.3.3　最小弯曲半径

最小弯曲半径是指弯曲零件的内弯曲半径 R 所允许的最小值。不同材料的最小弯曲半径的数值是不同的，使用时按材料牌号和状态查表可得。影响最小弯曲半径的主要因素有以下几个方面。

（1）材料的力学性能及加工硬化程度。

（2）弯曲角度。

（3）材料的纤维方向：

1）顺纹弯曲时最小弯曲半径值大。

2）垂纹弯曲时最小弯曲半径值小。

3）与纤维方向呈 45°方向弯曲时最小弯曲半径值介于前两者之间。弯曲线与纤维方向一般应保持 60°，最小不能小于 30°，否则易产生裂纹。

（4）板料的边缘状况。

1）位于弯曲部位的板料边缘要消除毛刺。

2）弯边的交接处在允许的情况下，应钻出止裂孔。止裂孔的直径 ϕ 一般大于等于 $t+R$，止裂孔的中心在两弯曲中心线的交点上。

3）弯曲线与开孔或开口的边距应大于弯曲半径与材料厚度之和。

（5）板料的表面状态。

4.3.4　弯曲回弹

弯曲回弹是板料在塑性变形区域内（弯曲）变形，卸载后又略呈复原的状态。

1. 产生原因

由于材料在未卸载之前的总塑性变形中包含一部分弹性变形，即板料在塑性弯曲的同时还有弹性变形存在，从而使弯曲件产生角度和弯曲半径的回弹，影响弯曲件的准确度。从作用力与反作用力角度来说，被弯曲的板料外侧伸长，内侧受压缩短，卸载后，在反作用力作用下，外侧趋向缩短，内侧则趋向伸长，产生回弹。

2. 回弹角

回弹角是材料弯曲后回弹的角度。$\Delta\alpha=\alpha_1-\alpha_2$，如图 4-8 所示。

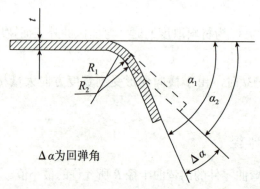

$\Delta\alpha$ 为回弹角

图 4-8　弯曲零件的回弹

由以上可知，在实际工作中，"回弹"对钣金零件的成型非常不利。回弹会使零件成型的准确度降低，并增加手工修整工作量。因此希望回弹角越小越好，最理想的状况是回弹角等于零。如果减小甚至消除回弹对弯曲件尺寸精度的不利影响，就需要找到回弹规律，从而采取适当措施，控制回弹。

3. 影响回弹的因素

（1）材料的力学性能。材料的屈服强度 R_{el} 越高，回弹越大；材料的弹性模数 E 越大，回弹越小。

（2）变形程度。在弯曲中变形程度用相对弯曲半径，也就是弯曲半径 R 和材料厚度 t 的比值 R/t 来表示。R/t 小，则回弹小（R/t 小，则表示零件的变形程度大）；反之 R/t 值大时（零件的变形程度小），回弹大。在许可弯曲半径范围内，使 R/t 接近或等于 1~1.5，可使回弹最小。

（3）弯曲角度。弯曲角度大（即变形区大），则回弹大。

（4）弯曲形状。弯曲件截面形状不同，回弹量也不同。一般形状复杂，回弹小；V形件回弹大于U形件。

（5）弯曲形式。自由弯曲比用模型弯曲回弹大。

（6）材料的纤维方向。顺纹弯曲时，回弹小；垂纹弯曲时，回弹大。

（7）其他因素。影响回弹的因素还有材料的厚度、宽度等。

4. 减小回弹的措施

（1）修整弯曲模角度，实现"过正"弯曲（图 4-9）。

（2）采用顶面微凹的凸模和顶面微凸的顶件板，弯曲后利用底部产生的回弹来补偿两个圆角处的回弹，以进行U形件的弯曲（图 4-10）。

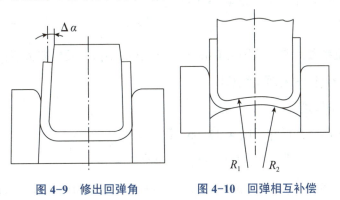

图 4-9　修出回弹角　　　　图 4-10　回弹相互补偿

（3）改变模具结构形状，将弯曲模做成局部凸起的形状，使凸模集中地作用在引起回弹变形的弯曲变形区（图 4-11）。改变弯曲变形区的应力状态，使其变成三向受压的应力状态。当U形件弯曲时，采用负间隙弯曲，使凹凸模之间的单边间隙比材料厚度小 3%~5%，弯曲过程中含有挤压作用，从而减小回弹角。

（4）利用橡胶或聚氨酯软凹模代替金属刚性模进行弯曲，利用调节凸模压入凹模的深度的方法控制弯曲角度（图 4-12），使卸载回弹后所得零件的角度符合精度要求。

（5）在工艺上，采用校正弯曲代替自由弯曲。

（6）在零件设计上改进某些结构，以增加零件刚度来减少回弹。

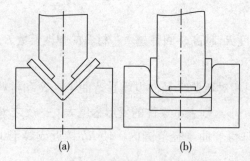

图 4-11　改变凸模形状减少回弹

（a）V 形模；（b）U 形模

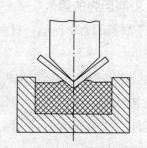

图 4-12　弹性凹模的单角弯曲

4.3.5　弯曲件展开尺寸的计算

弯曲件展开尺寸正确与否，直接影响零件的质量和生产效率。如果展开尺寸计算不准确，会导致零件报废、材料浪费或增加修整工作量。弯曲件展开尺寸的计算方法有理论计算法、简化计算法和图解法（略）。

1. 理论计算法

（1）弯曲半径很小（$R < t_2$）时，展开尺寸计算法。

1）单角弯曲件展开尺寸［图 4-13（a）］。

$$L=L_1+L_2+Kt \tag{4-1}$$

式中　K——修正系数，取值范围为 0.48~0.5，软料取小值，硬料取大值；

　　　L_1，L_2——直边内表面交线长度；

　　　t——材料的厚度。

2）多角弯曲件展开尺寸［图 4-13（b）］。

$$L=L_1+L_2+L_3+\cdots+L_n+（n-1）K_{1t} \tag{4-2}$$

式中　K_1——修正系数，双角弯曲时为 0.45~0.48，多角弯曲时为 0.25（对于塑性好的材料，可减小至 0.125）；

　　　L_1，L_2，$\cdots$，L_n——直边内表面交线长度；

　　　t——材料的厚度。

例：计算如图 4-13（b）所示零件的展开尺寸。

解：取 K_1=0.25，将各值代入式（4-2），得

$$L=L_1+L_2+L_3+L_4+L_5+L_6+L_7+（7-1）\times 0.25\times 2.5$$

$$=15+25+6+30+8+10+18+0.25\times 2.5\times 6$$

$$=115.75　（mm）$$

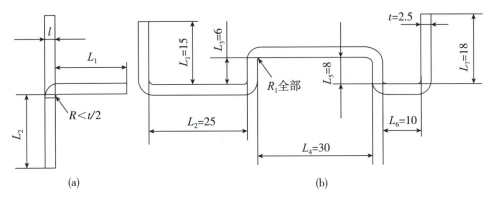

图 4-13　小弯曲半径的弯曲件

（a）单角弯曲件；（b）多角弯曲件

2. 简化计算法

弯曲半径（R）加上板材厚度的一半（$1/2t$）近似等于中性面的曲率半径（图 4-14）。用中性面的曲率半径乘以 2π 可以计算出圆的周长：

$$\text{周长} = 2\pi\left(R + \frac{1}{2}t\right)$$

因为 90° 的弯曲是圆周的 1/4，用周长除以 4 得出

$$\frac{2\pi\left(R + \frac{1}{2}t\right)}{4}$$

因而，90° 弯曲的弯曲加工量为

$$2\pi\left(R + \frac{1}{2}t\right)$$

$$L = L_1 + L_2 + L_3$$

式中　L_1，L_2——直边内表面交线长度；

L_3——中性层的弧长。

1）中性层弧长 L_3 的计算。即

$$L_3 = \frac{\pi\varphi}{180°}(R + x_0 t)$$

式中　x_0——中性层位置系数（表 4-3）；

φ——弧长 L_3 所对的角度；$\varphi = 180° - \alpha$（α 为弯曲角）；

$R + x_0 t$——中性层半径；

$\dfrac{\pi\varphi}{180°}$——弯曲弧长所对的弧度。

$$\frac{\pi\varphi}{180°} = 0.017\,5\,(180° - \alpha)$$

$$L = L_1 + L_2 + 0.017\,5\,(180° - \alpha)(R + x_0 t)$$

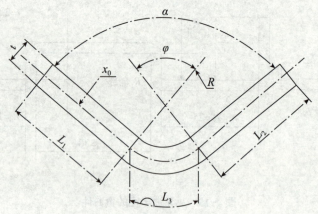

图 4-14 任意角弯曲件的展开

表 4-3 中性层位置系数

R/t	0.1	0.25	0.5	1.0	2.0	3.0	4.0	4.0 以上
x_0	0.32	0.35	0.38	0.42	0.46	0.47	0.48	0.5

4.3.6 压弯原理及变形特点

1. 压弯原理

由于板料具有一定的塑性，因此能用弯曲的方法将其弯成所需的各种形状。压弯是在板料上加压产生弯矩，而使其弯曲成型的方法。

以 V 形件的压制为例，简要说明板料压弯时的变形过程，如图 4-15 所示。

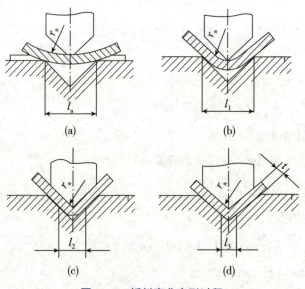

图 4-15 板料弯曲变形过程

（a）、（b）自由弯曲；（c）接触弯曲；（d）校正弯曲

压弯

（1）自由弯曲阶段。

（2）接触弯曲阶段。

（3）校正弯曲阶段。

2. 压弯变形特点

压弯时材料产生外拉内压，中间有一层既不受拉也不受压，称为中性层。弯曲变形受最小弯曲半径的限制和回弹的影响。

3. 弯曲力的计算

弯曲力的计算公式如下：

$$F=kBtR_m$$

式中 F——一个弯角弯曲作用力（N）；

B——毛料宽度（mm）；

R_m——抗拉强度极限（MPa）；

t——毛料厚度（mm）；

k——系数，取决于弯曲半径 R 与毛料厚度 t 之比（表4-4）。

表 4-4　系数 k 值确定

R/t	0.1	0.25	0.5	1.0	2.0	5.0	10.0
系数 k	0.55	0.48	0.4	0.3	0.2	0.10	0.06

4. 弯曲过程和弯曲展开尺寸计算方法

板料弯曲计算如图4-16所示。

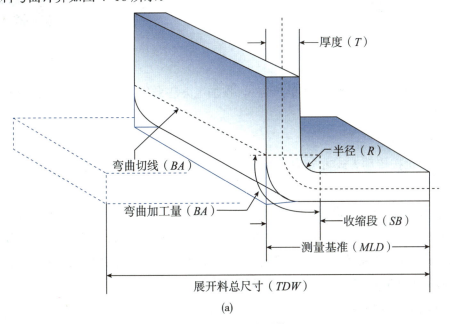

(a)

图 4-16　板料弯曲计算

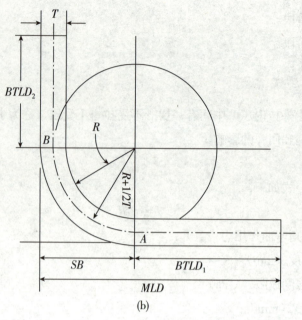

图 4-16　板料弯曲计算（续）

弯曲加工量 $BA = \dfrac{2\pi\left(R+\frac{1}{2}T\right)}{4}$

收缩段 $SB = R+T$

平直部分尺寸 $BTLD_1 = MLD - SB$

展开料总长度 $TDW = BTLD_1 + BA + BTLD_2$

折弯

4.4 知识链接二

4.4.1　折弯机弯曲

折弯机主要用来弯曲简单的直线零件，按加工方法来分，折弯机有普通折弯机和数控折弯机两种。

1. 普通折弯机

普通折弯机按传动方式可分为机动折弯机和手动折弯机两种。手动折弯机如图 4-17 所示。

目前，常用普通折弯机都是机动折弯机，因为手动折弯机消耗人力较大，效率低。机动折弯机主要由床架、传动丝杆、上台面、下台面和折板等组成。折弯机的工作部分是固定在台面和折板上的镶条。其安装情况如图 4-18 所示。上台面和折板的镶条一般是成套的，具有不同的角度和弯曲半径，可根据需要选用。

折弯机的操作过程如下：

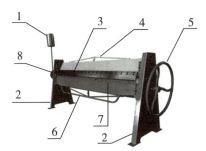

图 4-17 手动折弯机

1—平衡配重；2—折弯机床架；3—上台面；4—上台面加强筋；5—手柄传动机构；
6—折弯操作手柄；7—活动折弯板；8—下台面

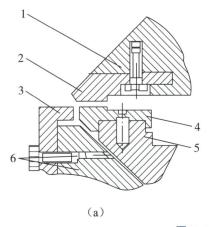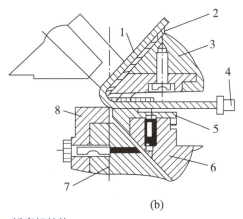

（a）　　　　　　　　　　　　　　　　　（b）

图 4-18 折弯机结构

1—上台面；2—上台面镶条；3—折板镶条；　　　1—上台面镶条；2—特种垫板；3—上台面；
4—下台面镶条；5—下台面；6—折板　　　　　4—挡板；5—下台面镶条；6—下台面；
　　　　　　　　　　　　　　　　　　　　　　　　7—折板；8—折板镶条

（1）升起上台面，将选择好的镶条安装在台面和折板上，如果所弯制零件的弯曲半径比现有镶条稍大，可加特种垫板。工作时，垫板要垫在毛料的下边。

（2）下降上台面，翻起折板至 90°，调整折板与台面的间隙，以适应材料厚度和弯曲半径，为避免弯折时擦伤毛料，间隙应稍大些。

（3）退回折板，升起台面，放入的毛料紧靠后挡板。若弯折较窄的零件或不用挡板时，毛料的弯折线应对准台面镶条的外缘线。

（4）下降上台面，压住毛料。

（5）翻转折板，弯折至要求角度。为得到尺寸准确的零件，应注意回弹，必须很好地控制弯折角度。

（6）退回折板，升起上台面，取下零件。

弯曲流程如下：

（1）塞入折弯机，俯视准线位置（图 4-19）；

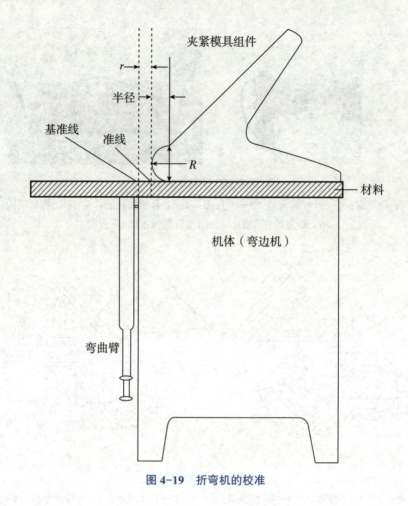

图 4-19　折弯机的校准

（2）弯曲准线与折弯机上压板外缘重合，测量露出宽度；

（3）缓慢弯折板料；

（4）检查角度与尺寸。

2. 数控折弯机

使用数控折弯机可比普通折弯机节约 20%～70% 的加工成本，经济效果十分显著。比较先进的数控系统一般具有以下主要功能：彩色图形显示，并能预先显示每一折弯工序的折弯过程；自动绘制折弯零件的毛料展开图；确定最优折弯顺序；选择模具；判断折弯过程中零件与模具是否发生干涉；自动编程。

数控折弯机的主要优点如下：

（1）零件的折弯精度比普通折弯机高，而且整批零件的精度一致。

（2）生产率比普通折弯机提高三倍以上，零件的弯角越多，生产率提高得越多。

（3）减少半成品的堆放面积和堆放时间，也相应减少了半成品的搬运、堆放工作量。

（4）数控折弯机一般具有折弯角度直接编程的功能，只要输入几个数据，经过一次试折和修正，即可完成调整工作，不需要技术熟练的工人；而在普通折弯机上需要凭经验经过几次试折。

4.4.2 折弯机安全操作规程

（1）严格按机床工安全操作规程的规定穿戴好劳动防护用品。

（2）启动前须认真检查电动机、开关、线路和接地是否正常与牢固，检查设备各操纵部位、按钮是否在正确位置。

（3）检查上下模的重合度和坚固性；检查各定位装置是否符合加工的要求。

（4）在上滑板和各定位轴均未在原点的状态时运行回原点程序。

（5）设备启动后空运转 1~2 min，上滑板满行程运动 2~3 次，如发现有不正常声音或有故障时，应立即停车将故障排除，一切正常后方可工作。

（6）工作时应由 1 人统一指挥，使操作人员与送料压制人员密切配合，确保配合人员均在安全位置方准发出折弯信号。

（7）板料折弯时必须压实以防在折弯时板料翘起伤人。

（8）调板料压模时必须切断电源，停止运转后进行。

（9）在改变可变下模的开口时，不允许有任何料与下模接触。

（10）机床工作时，机床后部不允许站人。

（11）严禁单独在一端处压折板料。

（12）运转时发现工件或模具不正，应停车校正，严禁运转中用手校正，以防伤手。

（13）禁止折超厚的铁板或淬过火的钢板、高级合金钢、方钢和超过板料折弯机性能的板料，以免损坏机床。

（14）经常检查上、下模具的重合度；检查压力表的指示是否符合规定。

（15）发生异常立即停机检查原因并及时排除。

（16）关机前，要在两侧油缸下方的下模上放置木块，将上滑板下降到木块上。

（17）退出控制系统程序后再切断电源。

4.4.3 剪板机安全操作规程

（1）操作人员必须经过专业培训，持证上岗，在操作时，必须正确使用劳保用品。机器必须由指定人员进行操作，机器运转时的各类电器开关钥匙和转换钥匙均应由操作人员保管，运转结束后钥匙必须交由专人保管。

（2）禁止剪切厚度或强度超出机器剪切范围的板料，对特种材料、异形材料或热处理材料的剪切，请及时与制造商联系。

（3）开机前必须确认机器周围无其他人或障碍物，两人以上进行操作时，应谨慎使用脚踏开关。

（4）机器运行时，严禁卸下安全防护罩和机器侧面的防护板，任何人不得进入机器后部收料。

（5）工作台面上绝对不能放置工具和其他零件等。

（6）必须从机器后部调整后挡料板。调整前先将"电源钥匙开关"和"运转选择钥匙开关"置于"关"，并取下钥匙随身放好后再进入机器背后。

（7）在任何情况下，禁止将手指伸入安全防护罩。

（8）严格按照说明书中的步骤拆装上下刀片。为了安全，拆装刀片时至少由两人同时操作，在拆下刀片前，将合适的木材放在上下刀片之间，防止上刀片在拆卸过程中掉落。

（9）双手推送工作时切片用力猛。当进行板料剪切时一定要确保板料有不少于一个压脚固定，当推送窄料时，可以使用一定的辅助工具。

（10）剪切机在运转中发生故障时应立即按下"紧急停止按钮"，再关闭电源，保管好钥匙后进行检修。

（11）在开启控制箱门之前必须切断该机供电电源。

（12）操作工应对机器实施定期检查，检查项目参照使用说明书中相关内容。

（13）调整和清扫必须停车进行。

（14）刀片的刃口必须保持锐利，切薄板时，刀片必须紧贴。上下刀片需要保持平行，刀片间的间隙不得大于板料厚度的 1/30。

（15）调整刀片（对刀）后，需要手动试验和开空车检验。

4.5 任务实施

4.5.1 飞机板制作工卡

飞机钣金加工课程实训操作工卡见表 4-5。

表 4-5 飞机钣金加工课程实训操作工卡

工卡号：460601-GK-01-R1

任务编号	4-3		难度等级		初级工
题名	飞机 Z 形桁条制作				
工作区域	飞机数字化装配实训中心——钣金区				
工时 /min	100	开始时间		结束时间	
技能训练要求	（1）掌握弯曲件展开尺寸的计算方法； （2）能准确画出弯曲准线； （3）会使用剪板机进行剪切下料； （4）能使用折弯机对板料正确弯折				
职业素养养成及安全注意事项	（1）严格遵守操作规程，不违规操作； （2）操作人员应穿戴好个人防护用品，包括实训服、棉线手套、耳塞、护目镜等； （3）工量具按要求摆放整齐，轻拿轻放，量具使用完注意清洁； （4）工作现场保持整洁，废料及时清理； （5）实训室实行 6S 管理				

工量具 / 设备 / 耗材 / 劳保用品					工作者	检查者
类别	名称	规格型号	单位	数量		
工量具	木榔头	ϕ60 mm，140 mm	把	1		
	平锉刀	8 in	把	1		
	划规	ϕ150 mm	把	1		
	记号笔	得力 No.6824	支	1		
	直角尺	0~300 mm	把	1		
	游标卡尺	0~150 mm	把	1		
	塞尺	0.05~1 mm	把	1		
	台虎钳保护垫	150 mm	副	1		
	毛刷	3 in	把	1		
设备	折弯机	800 mm，R3 mm	台	（公用）		
	剪板机	1 200 mm×δ2 mm	台	（公用）		
耗材	砂纸	120 目	张	1		
	铝板	2A12-T4-δ1.2 mm	块	按需		
劳保用品	耳塞	通用	副	1		
	护目镜	通用	副	1		
	棉线手套	通用	副	1		
工作准备						
（1）清点工具设备； （2）检查工具情况，外表完好无损，功能正常，计量工具在有效期内； （3）领取耗材，耗材应符合标准； （4）在工具交接单上签字						
操作步骤						
（1）操作准备。 1）识读与理解零件图纸尺寸，理解工作任务； 2）检查材料规格、表面质量； 3）依据图纸尺寸，计算材料展开尺寸； 4）确定板料纹路方向，画出外形尺寸线； 5）检查画线尺寸，符合图纸要求； 6）剪切余料，修锉外形尺寸，去除毛刺。						

（2）操作实施。 1）根据尺寸要求，画出弯曲准线。 ※注意：判明板料纹路方向，锤纹弯曲。 2）确定板料塞入方向，将板料塞入折弯机。 ※警告：剪切时，请戴好棉线手套。 ※注意：塞入板料时，要始终抬起折弯机上压板，防止夹伤。 3）正俯视弯曲准线，与折弯机上压板外缘对齐。 ※注意：视线有误差，判断不准时，可用游标卡尺测量露出尺寸是否符合要求。 4）缓慢抬起下压板，弯折板料。 ※注意：缓慢弯折板料，避免材料拉伸过快裂纹与角度过大。 5）取出板料，测量弯曲角度符合要求。 ※注意：弯曲要考虑板料回弹角度，按实际需要过量弯曲。 6）角度不正确，使用木榔头校正。 ※注意：使用木榔头校正时，注意敲击位置与力度，不能随意乱砸。 7）完成剩余角度的弯曲 （3）操作收尾。 1）按图纸要求检查零件尺寸； 2）在工件合适处写上姓名、学号； 3）上交工件		
结束工作		
（1）清点工具和设备，数量足够； （2）清扫现场； （3）在工具交接单上签字		
—————————————— 工卡结束 ——————————————		

4.5.2　操作过程中的安全注意事项

（1）严格遵守操作规程，不违规操作；

（2）操作人员应穿戴好个人防护用品，包括实训服、棉线手套、护目镜等；

（3）量具按要求摆放整齐，轻拿轻放，量具使用完成后注意清洁；

（4）工作现场保持整洁，废料及时清理；

（5）实训室实行 6S 管理。

4.5.3　飞机 Z 形桁条制作具体实施过程

（1）识读工卡。确认工卡内容与工作内容是否一致。

（2）检查材料规格、表面质量。确保材料规格、外形尺寸符合要求及表面无损坏（图 4-20）。

（3）依据图纸尺寸画线。找出画线基准；依据图纸尺寸完成画线（图 4-21）。

（4）检查板料纹路方向，符合图纸要求。确定板料纹路方向，画出外形尺寸线。

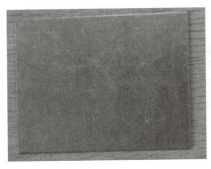
图 4-20 检查表面质量

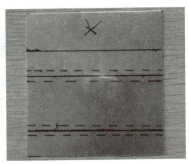
图 4-21 依据图纸尺寸画线

（5）检查画线尺寸。应符合图纸要求；剪切余料，修锉外形尺寸，去除毛刺。

（6）剪板机操作（图 4-22、图 4-23）。剪切余料，修锉外形尺寸，去除毛刺。

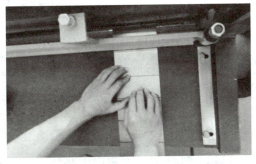
图 4-22 剪板及操作手部放置

图 4-23 剪板及剪切线校正

（7）折弯机操作。

1）操作步骤。

①制作零件前，用余料进行试弯折。

②正俯视弯曲准线，与折弯机上压板外缘对齐（图 4-24）。

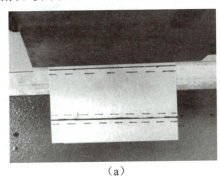
（a）

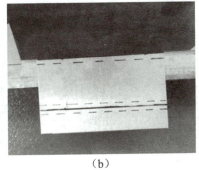
（b）

图 4-24 正俯视弯曲准线

（a）错误；（b）正确

③视线有误差，使用游标卡尺测量（图 4-25）。

④缓慢弯折板料，避免材料拉伸过快裂纹与角度过大。

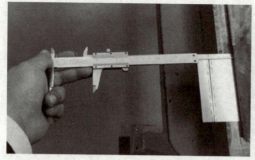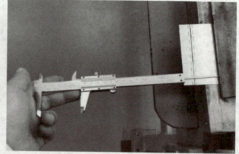

图 4-25　用游标卡尺多点测量折边尺寸

2）手工弯曲操作方法及要点。

①板料的弯折。

a. 单角 90° 弯折（图 4-26）。

b. 多角弯折（图 4-27）。

手动折边机的使用方法

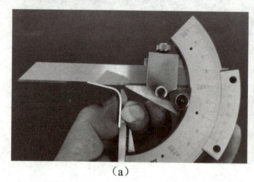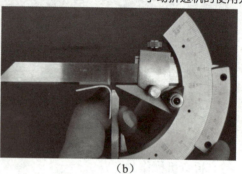

（a）　　　　　　　　　　　（b）

图 4-26　角度检查

（a）弯曲角度过小；（b）弯曲角度过大

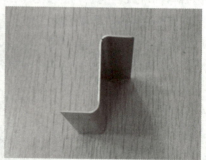

图 4-27　多角弯折

②多角弯折的操作要点。

a. 每次弯折后对好角尺，保证弯边平直。

b. 每次弯边尺寸要准确，否则误差积累无法返修。

c. 在成型时，每次弯折可用长木打板压倒毛料后，再用木打板平放于弯边面上，然后用木榔头打至贴模，可使弯曲半径 R 处平直，弯边波纹少。

d. 夹在台虎钳上的轨铁要夹紧并垫实，防止敲打时材料下滑移位影响弯边尺寸。

3）弯曲方向与准线的确定。

①弯曲方向确定，确定塞入折弯机的板料方向；

②判明板料纹路方向，锤纹弯曲；

③弯曲准线的位置（直线段＋弯曲半径）。

4）弯曲操作过程。

①塞入折弯机，俯视准线位置；

②弯曲准线与折弯机上压板外缘重合，测量露出宽度；

③缓慢弯折板料；

④检查角度与尺寸。

5）弯曲注意事项。

①制作零件前，用余料进行试弯折；

②正俯视弯曲准线，与折弯机上压板外缘对齐；

③视线有误差，可用游标卡尺测量；

④缓慢弯折板料，避免材料拉伸过快裂纹与角度过大。

（8）故障分析与处理。

1）端头裂纹。

①端头毛刺未修光：修光毛刺。

②弯曲方向不对：垂直于纹路方向弯曲。

2）R 处外层裂纹。

①弯曲半径过小：加大弯曲半径。

②弯折线与纤维方向平行：弯折线与纤维反向夹角不小于30°。

③表面裂纹或划伤较深：更换板材。

3）角度误差。角度误差较大表明弯曲未到位或过量（速度快）。

4）尺寸误差。若尺寸误差较大，应画准弯曲准线，放入板料时，准线与上压板外缘重合。注意事项如下：

①板料纹路方向要正确（锤纹弯曲）；

②端头毛刺要修光；

③弯曲准线位置要正确；

④视线有误差，要检查外露尺寸是否正确。

（9）6S 管理。

1）清点工具和设备，数量足够；

2）清扫现场；

3）在工具交接单上签字。

4.5.4 手工弯曲常见质量故障、原因分析与排除方法

手工弯曲常见质量故障、原因分析与排除方法见表4-6。

表4-6 手工弯曲常见质量故障、原因分析与排除方法

序号	常见故障	原因分析	排除方法
1	端头裂纹	（1）端头毛刺未修光。 （2）弯边交接处未钻止裂孔	（1）修光毛刺或将毛刺面朝内。 （2）钻止裂孔
2	弯曲半径R处外层裂纹	（1）弯曲半径小。 （2）弯折线与纤维方向平行。 （3）表面裂纹或划伤	（1）加大弯曲半径。 （2）弯折线与纤维方向夹角不小于30°。 （3）剔除毛料表面裂纹
3	弯边反凹	（1）弯折时受力不均，材料排放不均匀。 （2）因外层材料受牵制少，变形阻力小，易伸长	（1）用木尖对准零件弯曲半径R处成45°，用木榔头轻轻敲打木尖，将弯曲半径R处均匀"顶"一遍，消除回弹。 （2）将弯折件放在平台上，用橡皮打板拍平弯边内表面
4	弯边波浪翘曲	（1）橡皮条抽打长度短。 （2）锤击不均	（1）橡皮条抽打长度尽可能长。 （2）垫木打板锤击校平
5	印痕	工具选择不当，榔头侧击致伤	榔头要打平，铝合金尽可能不使用铝榔头敲击

4.6 考核与评价

（1）实训操作评估单见表4-7。

（2）职业素养考核见表4-8。

表4-7 实训操作评估单

实操题名： 飞机Z形桁条制作		实训评估单号： 460601-PGD-02-R1		配套实训工卡号： 460601-GK-02-R1	
姓名		班级		学生学号	
工作步骤		评分要素			
		基本技能		职业素养	
准备 （15分）	1	工具/设备/材料等准备： （1）工具借用准备； （2）按工具清单清点工具/设备/材料； （3）量具有效性检查	（1）工具准备不到位，扣2分； （2）工具未清点，扣2分； （3）量具未检查有效性，扣2分	扣分值： 理由：	（1）工具摆放不规范，扣2分； （2）未按工具清单清点工具，扣2分；	扣分值： 理由：

工作步骤			评分要求			
			基本技能		职业素养	
准备 （15分）	2	安全准备： （1）个人安全防护已佩戴； （2）设备安全使用注意事项已阅读； （3）与相关人员的安全沟通已执行			（3）安全防护用品佩戴或使用不规范，扣3分； （4）有损伤工具设备的行为，扣2分	
操作过程规范（30分）	3	（1）识读工卡； （2）检查材料规格、表面质量； （3）依据图纸尺寸，计算材料展开尺寸； （4）确定板料纹路方向，画出外形尺寸线； （5）检查画线尺寸，符合图纸要求； （6）剪切余料，修锉外形尺寸，去除毛刺； （7）根据尺寸要求，画出弯曲准线； （8）确定板料塞入方向，将板料塞入折弯机； （9）正俯视弯曲准线与折弯机上压板外缘对齐； （10）缓慢抬起下压板，弯折板料； （11）取出板料，测量弯曲角度符合要求； （12）完成剩余角度的弯曲	（1）未识读工卡，扣2分； （2）未进行板料质量检查，扣2分； （3）不按基准画线，扣2分； （4）未进行尺寸检查，扣2分； （5）材料展开尺寸计算不准确，扣2分； （6）未锤纹弯曲，扣2分； （7）板材未去除毛刺，扣2分； （8）剪板机使用不熟练，扣2分； （9）折弯机使用不熟练，扣2分； （10）操作失误导致板料报废的，可申请补发材料，每次扣10分，累计扣分 （11）弯折完成后使用锉刀进行修锉，扣10分，累计扣分	扣分值： 理由：	（1）操作过程中工量具随意摆放、不爱惜工量具，扣2分/次，最多扣4分； （2）工具使用不当、设备不按操作规程使用，扣2分/次，最多扣6分； （3）耗材随意乱扔，扣2分； （4）出现明显失误造成工具设备损坏，终止考试； （5）出现安全事故，终止考试	扣分值： 理由：
作品（40分）	4	（1）外形尺寸检查； （2）垂直度检查； （3）零件表面质量检查	（1）尺寸20 mm±0.5 mm，每超差0.5 mm扣1分，最多扣8分； （2）尺寸40 mm±0.5 mm，每超差0.5 mm扣1分，最多扣4分； （3）尺寸100 mm±0.5 mm，每超差0.5 mm扣1分，最多扣4分； （4）垂直度90°±30′，每超差30′扣1分，最多扣6分； （5）作品弯折角R不对，扣2分/处，最多扣4分；	扣分值： 理由：	N/A	N/A

103

工作步骤			评分要求			
			基本技能		职业素养	
作品（40分）	4		（6）作品表面出现划伤、磕伤、压痕、凹坑等机械损伤，每处扣1分，最多扣6分； （7）作品未去除毛刺，每处扣1分，最多扣4分； （8）作品明显变形，每处扣1分，最多扣4分； （9）零件有裂纹，该大项不计分； （10）零件与图纸尺寸要求严重不符或零件质量严重不符合要求，该大项不计分		N/A	N/A
收尾（15分）	5	工作收尾： （1）工件署名，上交。 （2）按工具清单清点工具。 （3）清洁工作区域。 （4）归还工具、耗材。 （5）签署工卡	（1）工具未清点，扣2分； （2）未按工具清单清点工具，扣2分； （3）未归还工具、耗材，扣2分； （4）工卡签署不规范，扣1分/处，最多扣3分	扣分值： 理由：	（1）工具未整理，扣2分； （2）工作区域未清洁扣2分； （3）工件未署名，扣2分	扣分值： 理由：
标准工时/min	100	实际工时	（1）未在标准工时内完成，扣2~10分； （2）每超5 min扣2分，最多扣10分，不足5 min按5 min计算		扣分值： 理由：	
考生分数		是否通过	是□ 否□		评估员签字： 　年　　月　　日	

表 4-8　职业素养考核评价标准

考核项目		考核内容	配分	扣分	得分
加工前准备	纪律	服从安排；场地清扫等。违反一项扣1分	2		
	安全生产	安全着装；按规程操作等。违反一项扣1分	2		
	职业规范	工具清点，按照标准进行设备点检。违反一项扣1分	4		

考核项目		考核内容	配分	扣分	得分
加工操作过程	文明生产	每打一次刀扣2分	4		
		工具、量具、刀具定制摆放，工作台面整洁等。违反一项扣1分	4		
	违规操作	用砂布、锉刀修饰；锐边没倒钝，或倒钝尺寸太大等没按规定操作的行为，扣1~2分	2		
6S管理	清洁、清扫	清理机床内部的铁屑，确保机床表面各位置的整洁，保持机床周围的干净，做好设备的保养。违反一项扣1分	4		
	整理、整顿	工具、量具的整理与定制管理。违反一项扣1分	4		
	素养	严格执行设备的日常点检工作。违反一项扣1分	4		
出现严重违反设备操作规程或工伤事故		出现严重违反设备操作规程或工伤事故，整个测评成绩记0分			
合计			30		

4.7 总结与提高

4.7.1 项目实施情况分析

项目完成后，学员根据项目实施情况，分析存在的问题及原因，并填写表4-9。指导教师对项目实施情况进行讲评。

表4-9 操作基础项目实施情况分析表

项目实施过程	存在的问题	解决的办法
项目操作		
安全文明生产		

4.7.2 总结

1. 组内自评

（1）将完成的作品拍照上传至资源库平台，并标注存在的问题；

（2）组内成员对小组内作品评分并提出自己的见解，组长对本组操作情况进行总结。

2. 教师点评

1）教师依照评估单对学生作品打分，同时可以作为学生的一次实操成绩；

2）教师点评学生完成质量，指出共性问题，督促学生及时改正，提高学生的操作技能。

3. 延伸学习

学习新型（数控）剪切及折弯方式的相关资料。

4. 课后作业

（1）什么是手工弯曲？手工弯曲常用的工具有哪些？（初级工）

（2）什么是最小弯曲半径？影响最小弯曲半径的因素有哪些？（中级工）

（3）根据图纸（表4-2）编写几字型桁条加工工艺过程卡。

飞机口盖的制作

5.1 学习目标

知识目标

（1）掌握收、放边定义及放边原理；

（2）了解收、放边的应用场合；

（3）熟悉手工收、放边常用工具与设备；

（4）掌握收、放边零件展开尺寸的计算方法；

（5）掌握手工收、放边的基本方法及操作要点。

能力（技能）目标

（1）能根据计算结果准确剪切下料；

（2）能熟练使用手工收、放边常用工具与设备；

（3）能熟练使用手工收、放边的操作方法制作零件；

（4）能采用正确的校正方法校正钣件；

（5）能排除手工收、放边操作过程中常见的质量故障。

素质目标

（1）培养学生耐心细致、精益求精的工作态度；

（2）锻炼学生动手能力、团队合作能力、与人沟通的能力；

（3）培养学生按规章要求操作和质量控制意识。

职业素养及安全文明生产

（1）坚持安全、文明生产规范，严格遵守车间制度和劳动纪律；

（2）着装规范（工作服、劳保鞋），不携带与生产无关的物品进入车间；

（3）实训现场工具、量具和刀具等相关物料的定制化管理；

（4）线上资源浏览：钣金飞机制造过程——热爱航空的情怀；

（5）工具准备：落实工具"三清点"制度；

（6）按图纸画线：严谨细致，按章操作；

（7）尺寸检查：零缺陷、无差错的质量意识；

（8）零件剪切：树立质量意识，不断提高产品质量；

（9）严禁徒手清除铁屑，气枪严禁指向人；

（10）随时注意木（铝）榔头柄是否松动，防止锤头飞出伤人；

（11）培养学生勤学好问、勤于思考、规范操作、严谨工作的求学态度。

5.2 任务描述

5.2.1 问题导入

提出问题："金属变形的应用"，让学生理解金属变形在飞机制造、维修中的意义。

5.2.2 案例导入

图片、实物展示：飞机油箱口盖、隔框、腹板、翼肋、型材等构件（图5-1），这些构件在制作时，除折弯外，还发生了哪些变化？

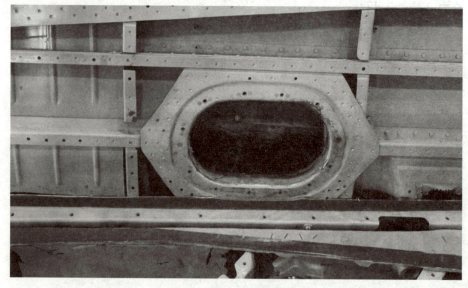

图5-1 某型飞机油箱口盖

观察图片、实物损伤情况，建立直观印象，跟随教师呈现问题思路，体验问题情境。工作任务单见表5-1、表5-2。

表 5-1　工作任务单

任务编号	5-1	任务难度		初级工
任务名称	飞机口盖制作（放边件制作）			
工作区域	飞机数字化装配实训中心——教学区			
建议学时	8 学时	开始时间	结束时间	

工具 / 设备 / 材料：

工作任务

加工如图 5-2 所示的零件，毛坯为 45 mm×250 mm×1.2 mm 的板料，材料为 3A21-0-δ1.2 mm。

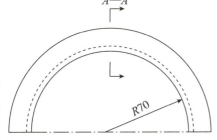 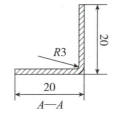 

图 5-2　飞机油箱口盖加强边

技术要求：
（1）板材型号：3A21-0-δ1.2 mm；
（2）所有未标注尺寸公差均为 ±0.5 mm；
（3）垂直度公差为 ±30′；
（4）零件平整无明显扭曲变形；
（5）零件表面光滑，无明显锤痕；
（6）零件不能有裂纹

表 5-2　工作任务单

任务编号	5-2	任务难度		初级工
任务名称	飞机口盖制作（收边件制作）			
工作区域	飞机数字化装配实训中心——教学区			
建议学时	8 学时	开始时间	结束时间	

工作任务

加工如图 5-3 所示的零件，毛坯为 45 mm×250 mm×1.2 mm 的板料，材料为 2A12-T4。
技术要求：
（1）板材型号：2A12-T4-δ1.0 mm；
（2）所有未标注尺寸公差均为 ±0.5 mm；
（3）零件平整无明显扭曲变形；
（4）剪断面光滑、平直，边缘无毛刺；
（5）零件表面无划伤、磕伤、压痕等机械损伤；
（6）零件不能有裂纹

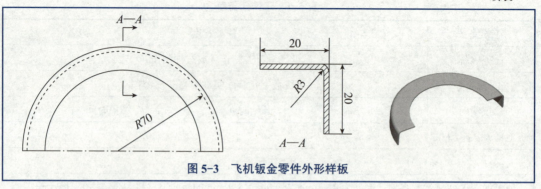

图 5-3　飞机钣金零件外形样板

5.2.3　引导问题

（1）飞机油箱口盖加强边，除折弯外，还有哪些变化？什么是放边？常用的放边方法有哪几种？简述放边常见质量故障、产生原因和解决方法。

（2）什么是收边以及收边原理？收边的方法有哪些？收边常见质量故障、产生原因和解决方法是什么？

5.3 知识链接一

5.3.1　放边

1. 放边的概念

使工件单边延伸变薄而弯曲成型的方法称为放边。

放边

2. 放边的基本内容

放边的方法是将零件的某一边（或某部分）打薄；或将零件的某一边（或某个部分）拉薄。

（1）"打薄"锤放。制造凹曲线弯边的零件，生产批量较小时，可用直角型材在铁砧或平台上锤放角材某一边边缘，使边缘材料厚度变薄，面积增大，弯边伸长，越靠近角材外缘锤击伸长越大，越靠近内缘伸长越小，这样直线角材逐步被锤放成曲线弯边零件。锤放时，锤放角材边的底面必须紧贴铁砧或平台表面，否则在锤放过程中角材会产生翘曲。锤痕要均匀并呈放射线状，锤击的面积占锤击边的 3/4，不能沿角材的 R 处敲打。有直线段的角形零件，在直线段内不能敲打。在放边过程中，材料会产生冷作硬化，发现材料变硬后，应退火消除冷作硬化，继续锤放材料易裂。另外，在放边过程中，随时用样板或量具等检查外形，待符合要求后进行修整、校正和精加工，最后按尺寸要求画线、切割并锉光。

（2）"拉薄"锤放。"拉薄"锤放是用木榔头在厚橡皮或木墩上锤放，利用橡皮或木墩既软又有弹性的特点，使材料伸展拉长。在制造凹曲线弯曲零件时，为防止裂纹，可事先用此法放展毛料，后弯制弯边，这样交替进行，来成型凹曲线钣金弯边零件。

（3）型胎上放边。型胎上放边是指用木榔头在型胎上通过顶木进行锤放，木榔头打击顶木，顶木冲击毛料伸展的方法，也可直接用木榔头锤击毛料伸展。

3. 放边的工具及设备

（1）放边工具。放边工具有铝榔头、木榔头、胶木榔头、铁榔头、轨铁、平台、顶杆等（图5-4）。

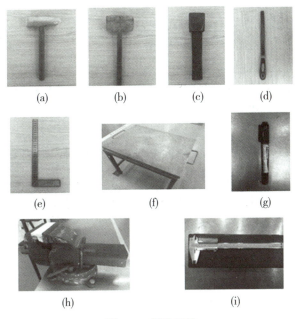

图5-4　放边工具

（a）铝榔头；（b）木榔头；（c）铁砧；（d）锉刀；（e）直角尺；（f）校正平台；（g）记号笔；
（h）台虎钳；（i）游标卡尺

（2）放边设备。

1）空气式点击锤。

2）雅高机。

5.3.2　放边的基本方法

放边方法主要有打薄和拉薄或两者并用。

1. 打薄放边

（1）操作步骤。

1）计算出零件的展开尺寸。

2）下展开料。

3）按零件弯边高度在弯板机或闸压床等通用弯曲设备上，将毛料弯成角材，并将放边边缘修光毛刺。

雅高机

4）在平台或铁砧上锤放弯曲平面边的外缘，成型凹弯边符合样板要求，最后修剪外形，如图5-5、图5-6所示（选用一端带圆弧一端带窄口的胶木榔头或铝榔头，也可两种榔头交替使用。注意按料厚选用榔头的窄口尺寸）。

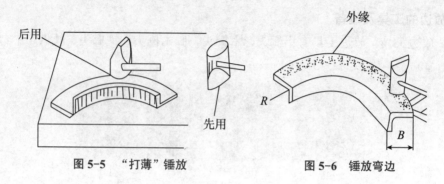

图5-5　"打薄"锤放　　　　　　　图5-6　锤放弯边

（2）操作要点。

1）使用胶木榔头或铝榔头，榔头端面要光滑。锤打时，榔头要拿稳、打平、打正，锤痕要均匀平滑，不能打出坑或"月牙"印。

2）锤击点要外密内疏，锤痕要呈放射状，锤放边必须与铁砧表面平行并贴紧，如图5-7所示。

图5-7　锤放方法

3）弯边根部不能锤击，否则会使零件扭曲和角度变形，锤击范围应在锤放面靠外缘3/4范围内，如图5-8所示。

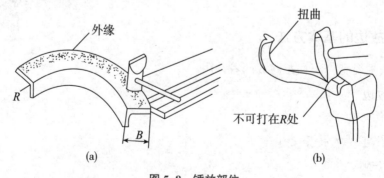

图5-8　锤放部位
（a）正确；（b）不正确

112

4）当放边宽度较宽、放边量大时，用空气式点击锤或雅高机放边效率高，质量好，如图 5-9 所示。

5）经常用样板检查弯曲度，避免放边过量，否则不易修正，还可能报废，如图 5-10 所示。

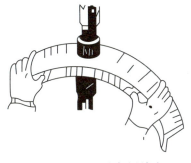 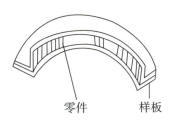

零件　　样板

图 5-9　空气锤放边　　　　　图 5-10　用样板检查

6）在锤放过程中，材料易产生加工硬化，要及时退火，否则易产生裂纹。若产生裂纹，要及时剪掉、修光。

（3）特点。打薄能使毛料得到较大的延伸变形，放边效果较为显著，但毛料变薄不均匀，表面质量不高。

2. 拉薄锤放

（1）操作步骤。

1）计算出零件的展开尺寸。

2）下展开料。

3）用细锉或砂纸修光放边的边缘和端头圆角，防止产生裂纹。

4）用木榔头在厚橡皮或软木墩上锤打要放的边，利用橡皮或木墩软而有弹性的特点，使材料伸展拉长，如图 5-11 所示。

5）顶放拉薄。对于料厚大于 1.5 mm、弯边高度较大、展放量大的凹曲线弯边零件，可采用在型胎上顶放拉薄（图 5-12）。把零件夹在型胎上，用木榔头敲击顶木，顶木顶放板料使其伸展。由弯边根部圆角处开始顶放（图 5-13），使平面上的料展放成立弯边，而最外缘不动。最后符合弯边高度，敲至贴模。但对于料薄、高弯边的零件，顶放拉薄时特别注意拉薄顶裂问题。

（2）操作要点。

1）弯边处留工艺余量，余量不宜太大，弯边余量为 2~3 mm，不超过 5 mm，两端可留 10~20 mm。

2）对易裂处用砂布打光，放边中出现裂纹应立即采取措施，如在裂纹处钻止裂孔、修光等。

3）放边应先两端后中间，将两端易变形的材料补充给中间部分。

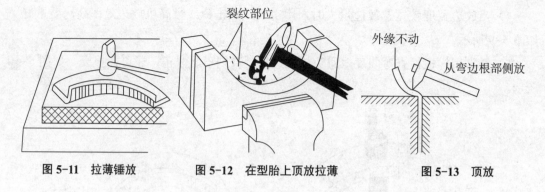

图 5-11 拉薄锤放   图 5-12 在型胎上顶放拉薄   图 5-13 顶放

4）为避免榔头失控而造成裂纹，可在型胎与毛料之间垫一楔形棒，如图 5-14 所示。

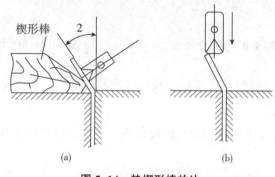

图 5-14 垫楔形棒放边

（a）正确；（b）不正确

（3）特点。变薄较均匀，表面质量较好，但变形过程中易拉裂。该方法适用于成型弧度不大或材料较薄的零件。

5.3.3 放边零件毛料尺寸的计算

1. 半圆形直角材零件展开尺寸的计算

零件形状如图 5-15 所示。

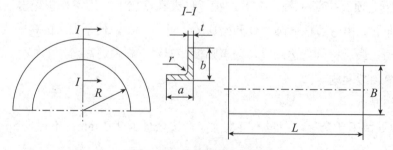

图 5-15 半圆形放边零件

（1）展开料宽度的计算。按简化计算法进行计算，有

$$B=a+b-\left(\frac{r}{2}+t\right)$$

式中　B——展开料宽度；

　　　a，b——弯边宽度；

　　　r——内圆角半径；

　　　t——材料厚度。

（2）展开料长度的计算。由于放边的平面上，由根部到外缘，材料伸展程度不同，外缘变薄量大，伸展得多，而根部伸展得少，所以，展开长度以放边宽度 1/2 处的弧长为准来计算。

$$L=\pi\left(R+\frac{b}{2}\right)$$

式中　L——展开料长度；

　　　R——零件弯曲半径；

　　　b——放边宽度。

2. 直角形角材零件展开尺寸的计算

零件形状如图 5-16 所示。

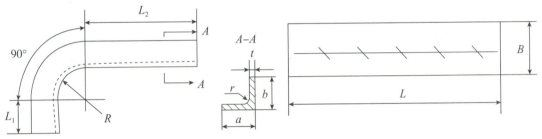

图 5-16　直角形放边零件

（1）展开料宽度的计算，即

$$B=a+b-\left(\frac{r}{2}+t\right)$$

式中　B——展开料宽度；

　　　a，b——弯边宽度；

　　　r——内圆角半径；

　　　t——材料厚度。

（2）展开料长度的计算，即

$$L=L_1+L_2+\frac{\pi}{2}\left(R+\frac{b}{2}\right)$$

式中　L_1，L_2——直线段长度；

　　　R——零件弯曲半径；

　　　b——放边宽度。

5.3.4　放边常见质量故障、原因分析与排除方法

常见质量故障、原因分析与排除方法见表 5-3。

表 5-3　常见质量故障、原因分析与排除方法

序号	故障内容	原因分析	排除方法
1	翘扭	（1）锤放面与铁砧不平行； （2）锤击根部引起；	（1）放平锤展； （2）锤展范围靠外缘 3/4 平面范围内
2	外形与样板不符	锤放量不当	（1）小于样板应增加锤放量； （2）大于样板要适当收边
3	锤痕	（1）用力不均； （2）工具不当	（1）锤要击平； （2）增加接触面，新木榔头要先在平台上打毛
4	裂纹	（1）边缘不光； （2）锤击集中； （3）加工硬化； （4）变形量过大	（1）打光边缘，发现裂纹及时排除； （2）锤击要求均匀； （3）增加中间退火工序； （4）改进操作方法

5.4 知识链接二

5.4.1　收边的概念

使毛料起皱收缩变短的过程称为收边。

5.4.2　收边的基本操作

先使板料起皱，再将起皱处在防止伸展恢复的情况下压平。这样，板料被收缩，长度减小，厚度增大。

5.4.3　收边的工具及设备

（1）收边工具。收边工具有铝榔头、木榔头、胶木榔头、铁榔头、轨铁、平台、顶杆等（图 5-17）。

（2）收边设备。

1）空气式点击锤。

2）雅高机。

5.4.4　收边的基本方法

收边的方法很多，生产中工人常根据零件、毛料及工具情况加以具体选择，甚至自己创造出合适的方法，下面分别阐述最基本的收边方法。

1. 折皱钳折皱（折波钳起波）收边

折皱钳（折波钳）用两段直径为 10 mm 左右铁棒弯制，钳口必须平整光滑。

根据零件曲度的大小，用折皱钳在收边部位折起若干个波纹，再在轨铁上收平波纹或用弓形夹夹住毛料在平台上收平波纹，如图 5-18 所示。

收边

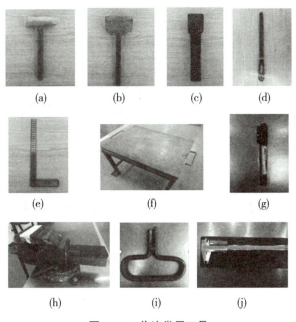

图 5-17　收边常用工具

（a）铝榔头；（b）木榔头；（c）铁砧；（d）锉刀；（e）直角尺；（f）校正平台；（g）记号笔；
（h）台虎钳；（i）折皱钳；（j）游标卡尺

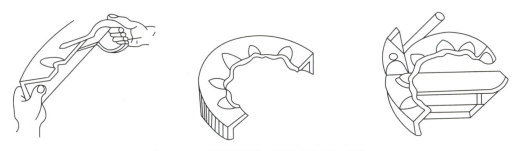

图 5-18　折皱钳折皱（折波钳起波）收边

以角材的收边为例介绍其操作方法及要点如下：角材收边时，先下直毛料，在折板机上弯成如图 5-19 所示的角材，再收缩至图 5-20 所示的形状。

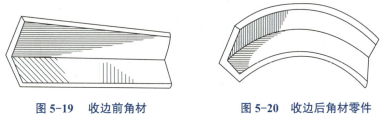

图 5-19　收边前角材　　　　**图 5-20　收边后角材零件**

（1）操作步骤。

1）用折皱钳在角材底面弯边部分做出折皱，波纹要均匀，尺寸要适当，如图 5-21 所示。

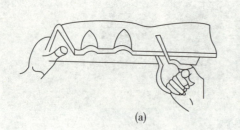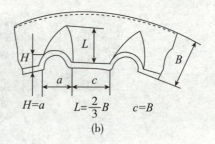

(a)   (b)

图 5-21　折波纹尺寸计算

（a）用折皱钳折波纹；（b）折波纹尺寸

2）消波纹收边（图 5-22）。在轨铁上用木榔头先将波纹边缘（开口边）收平，也就是将波纹封口，以避免波纹伸展，然后从波纹根部循序渐进地将波纹收平。在轨铁上用榔头收平波纹，在顶铁上注意不要顶住内弯角，以免顶伤零件，同时，从零件两端向内加力，以提高消除波纹效率。

注意：当零件收缩变形程度（H/R 零件）大时，按图 5-22 所示消波纹，收边可多次进行（第二次的波纹与第一次的波纹错开），直到形状符合要求，必要时还须安排中间退火。

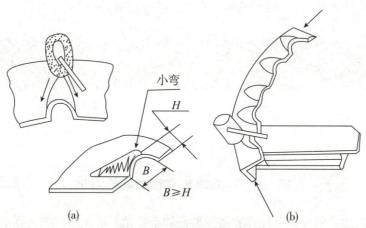

(a)   (b)

图 5-22　消波纹收边

（a）消波纹顺序；（b）在顶铁上收边

3）收边后在平台上校正收边平面，如图 5-23 所示。

4）槽形断面的凸弯边收边，两弯边折波纹要同时做出并相互对应（图 5-24），否则零件易产生扭曲。手工收边方法同上。

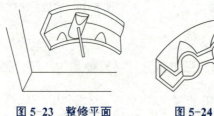

图 5-23　整修平面　　　　**图 5-24　槽形件折波纹**

118

（2）操作要点。

1）收边前角材弯角应大于所需角度约为 2°，如果弯曲程度大，弯角还要大些，如图 5-25 所示。

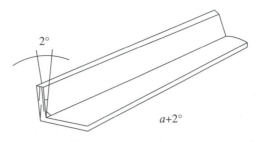

图 5-25　收边前角材弯角

2）折波纹尺寸要适当，高度不宜太高，应与宽度相等，折波纹长度不大于零件底边的 2/3，折波纹要分布均匀，两个折波纹间的距离约等于底边宽。

3）收边要从波纹的顶点开始，并轮流敲打折皱的两侧，为把波纹消除，将波纹赶至工作边缘，直到平整。

2. 橡皮打板收边

当修整零件时，对板料松动部位用橡皮打板抽打，使材料收缩，这种方法收边量不大，只在材料较薄时采用。这种方法收得均匀，零件表面光滑，但效率较低，如图 5-26（a）所示。其原理如图 5-26（b）所示，抽打时，橡皮打板因惯性而产生弯曲，此时底面长度 L_1 大于原始长度 L_0，当橡皮接触毛料波纹时，波纹受压后有向外伸展趋势，但因橡皮底面迅速缩短，利用橡皮很好的摩擦力使包覆区内材料收缩。橡皮打板用中等硬度的厚橡皮板制造。

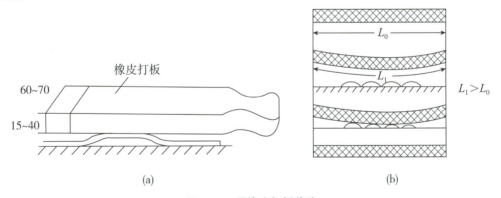

（a）　　　　　　　　　　　　　　　　　（b）

图 5-26　用橡皮打板收边

（a）橡皮打板；（b）收边原理

3. 搓边收边

将毛料夹紧在型胎上，毛料下面用顶棒顶住，先将根部固定，再用木榔头敲打顶住的毛料部分，使毛料收缩靠模，如图 5-27 所示。

图 5-27 搂边收边

4. 收边零件毛料尺寸的计算

角材收成半圆形零件展开尺寸的计算。零件形状如图 5-28 所示。

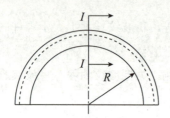
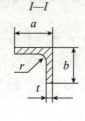
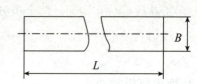

图 5-28 半圆形零件

1）展开料宽度的计算：

$$B=a+b-\left(\frac{r}{2}+t\right)$$

2）展开料长度的计算：

$$L=L_1+L_2+\frac{\pi}{2}(R+b)$$

式中　a，b——弯边宽度；

　　　L_1，L_2——直线段长度；

　　　r——内圆角半径；

　　　R——零件弯曲半径；

　　　t——材料厚度。

5. 木榔头使用演示

（1）按要求选用木榔头（图 5-29）。

图 5-29 榔头的选用

（a）选用正确；（b）选用错误

（2）锤击时锤身与板材加工面成约 45°的夹角（图 5-30）。

（3）使用木榔头呈圆弧形式从外缘向内侧挤压波纹，直至挤平（图 5-31）。

板材的 R 角顶紧铁砧的 R 角，若铁砧 R 角过小应修锉

图 5-30　木榔头与零件表面成 45°夹角

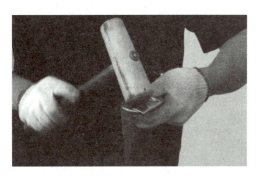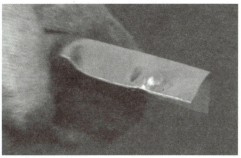

图 5-31　使用木榔头呈圆弧形式向内侧挤压波纹，直至挤平

注意事项如下：

（1）木榔头接头固定良好，端头有大圆弧过渡，不能有尖角，否则易使板材加工硬化，并影响表面质量。

（2）波纹是挤平的，不是锤平的。

（3）使用腕力进行锤击，不能用蛮力。

6. 样板使用演示

样板比对的位置如图 5-32 所示。

图 5-32　样板比对

7. 收边常见质量故障、原因分析与排除方法

收边常见质量故障、原因分析与排除方法见表 5-4。

表 5-4　收边常见质量故障、原因分析与排除方法

序号	故障内容	原因分析	排除方法
1	拱曲	收边量不足	应在拱曲范围内酌量收边
2	翘曲	收边过量	在翘曲范围内，在与平台接触处酌量放边
3	外形不对	（1）收缩不够，外形大； （2）收缩过量，外形小	（1）增加收缩量； （2）适当排放
4	角度不对	（1）平面不平； （2）收、放量不当	针对具体原因排除
5	材料折叠	折皱尺寸不对，产生死皱	折皱高度、宽度相等
6	榔头印痕	（1）锤击不均； （2）侧击	（1）均匀锤击； （2）防侧击
7	裂纹	（1）死皱重叠； （2）加工硬化未及时退火； （3）应力集中	（1）正确折皱； （2）增加中间退火； （3）应随时修光边缘毛刺和凹陷

5.5 任务实施一

飞机钣金加工课程实训操作工卡见表 5-5。

表 5-5　飞机钣金加工课程实训操作工卡

工卡号：460601-GK-01-R1

任务编号	5-3	任务难度		初级工
题名	飞机口盖制作（放边件制作）			
工作区域	飞机数字化装配实训中心——钣金区			
工时 /min	250	开始时间		结束时间
技能训练要求	（1）能正确修整铝榔头； （2）能熟练使用铝榔头进行打薄锤放操作； （3）具备处理零件质量故障的能力； （4）会正确使用样板检查零件质量			
职业素养养成及安全注意事项	（1）严格遵守操作规程，不违规操作； （2）操作人员应穿戴好个人防护用品，包括实训服、棉线手套、耳塞、护目镜等； （3）工量具按要求摆放整齐，轻拿轻放，量具使用完注意清洁； （4）操作中经常检查榔头，不能有掉头现象； （5）铁砧要夹持牢固，避免在锤击过程中掉落； （6）实训室实行 6S 管理			
	工量具 / 设备 / 耗材 / 劳保用品			工作者	检查者
类别	名称	规格型号	单位	数量	
工量具	直口剪	10 in	把	1	
	弯口剪	8 in	把	1	

工量具 / 设备 / 耗材 / 劳保用品					工作者	检查者
类别	名称	规格型号	单位	数量		
工具量	铁砧	50 mm×50 mm	个	1		
	铝榔头	ϕ25 mm，140 mm	把	1		
	木榔头	ϕ60 mm，140 mm	把	1		
	折皱钳	通用	把	1		
	平锉刀	8 in	把	1		
	记号笔	得力 No.6824	支	1		
	直角尺	0~300 mm	把	1		
	游标卡尺	0~150 mm	把	1		
	塞尺	0.05~1 mm	把	1		
	弧度样板（半圆）	ϕ140 mm	个	1		
	台虎钳保护垫	150 mm	副	1		
	毛刷	3 in	把	1		
设备	折弯机	800 mm，R3 mm	台	（公用）		
	剪板机	1 200 mm×δ2 mm	台	（公用）		
耗材	砂纸	120 目	张	1		
	铝板	3A21-O-δ1.2 mm	块	按需		
劳保用品	耳塞	通用	副	1		
	护目镜	通用	副	1		
	棉线手套	通用	副	1		
工作准备						
（1）清点工具设备； （2）检查工具情况，外表完好无损，功能正常；计量工具在有效期内； （3）领取耗材，耗材应符合标准； （4）在工具交接单上签字						
操作步骤						
（1）操作准备。 1）识读与理解零件图纸尺寸，理解工作任务。 2）检查材料规格、表面质量。 3）依据图纸尺寸，计算材料展开尺寸。 4）确定板料纹路方向，剪切下料，去毛刺。 ※ 警告：剪切时，请戴好棉线手套。 5）检查画线尺寸，符合图纸要求。 6）在折弯机上进行弯折。 7）弯折角度符合图纸要求。 ※ 注意：角度不符合要求时，使用木榔头进行校正。						

（2）操作实施。 1）修整铝榔头符合操作要求 ※警告：修锉时，请戴好护目镜。 ※注意：铝榔头扁头呈圆弧状并中间高两端低，平头平面光滑，外缘带有圆弧过渡。 2）用扁头锤击，锤击宽度约占加工面的 3/4。 ※警告：锤击时，请戴好棉线手套和耳塞。 ※注意：不能锤击内侧圆弧处，否则零件扭曲和角度变形。 3）换用平头锤击，使未锤击部位延展。 ※注意：平头锤击时，要减小力度，否则零件宽度会增加过多，板材变薄量过多，影响弧度变形。 4）在零件反面，用平头锤击消除变形，使零件表面平整。 ※注意：平头锤击时，要减小力度，否则零件宽度会增加过多，板材变薄量过多，影响弧度变形。 5）用锉刀去除加工面边缘毛刺，再用砂纸打磨光滑。 ※注意：必须保证板料边缘光滑，否则容易产生裂纹。 6）重复 2）至 5）步骤，放边弧度至 70%~80%。 ※注意：常用样板检查放边弧度情况，避免放边过量。 7）用铝榔头平头端，采用打滑锤的方式，修整锤痕。 ※注意：力度适中，逐步修整。 8）（用样板检查）放边弧度符合图纸要求。 ※注意：弧度不符合要求，大于样板尺寸继续锤放，小于样板尺寸适当收边。 9）剪切余料，修锉外形尺寸，去除毛刺。 ※警告：修锉时，请戴好护目镜。 （3）操作收尾。 1）按图纸要求检查零件尺寸。 2）在工件合适处写上姓名、学号。 3）上交工件		
结束工作		
（1）清点工具和设备，数量足够； （2）清扫现场； （3）在工具交接单上签字		
————————————— 工卡结束 —————————————		

5.5.1　操作过程中的安全注意事项

具体内容同项目 1，本处不再赘述。

5.5.2　铝榔头使用演示

（1）铝榔头的修整。

1）铝榔头扁头的修整如图 5-33 所示。

2）铝榔头平头的修整如图 5-34 所示。

（2）锤击时要求锤正直，打平、打稳、打准（图 5-35）。

（3）保持锤击位置不变，另一只手进行送料（图 5-36）。

放边件制作

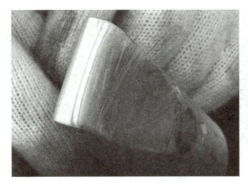
图 5-33 扁头修整

图 5-34 平头修整

图 5-35 锤击落点

图 5-36 锤击位置

注意事项如下：

（1）铝榔头扁头端呈圆弧状并中间高两端低，平头端平面光滑，外缘带有圆弧过渡；

（2）锤痕要均匀平滑，不能打出坑或"月牙"印；

（3）使用腕力进行锤击，不能使用蛮力。

5.5.3　实施过程

1. 识读工卡

识读工卡，确认工卡内容与工作内容是否一致。

2. 检查材料规格、表面质量

检查材料规格、外形尺寸是否符合要求及表面是否有损坏。

3. 依据图纸尺寸画线

（1）弯曲加工量；

（2）收缩段；

（3）平直部分尺寸；

（4）展开料总长度；

（5）去除零件表面毛刺（图 5-37）；

（6）根据图纸画出尺寸界线（图 5-38）。

图 5-37 毛刺去除

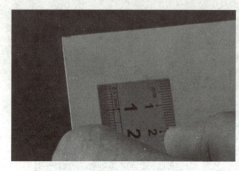

图 5-38 画线

4. 检查画线尺寸，符合图纸要求

（1）仔细核对所画的线条是否一致。

（2）线条清晰。

5. 正确使用折弯机对零件进行弯曲

（1）塞入折弯机，俯视准线位置。

（2）弯曲准线与折弯机上压板外缘重合，测量露出宽度（图 5-39）。

角度不合适可以重弯，也可进行修整

图 5-39 多点测量尺寸

（3）缓慢弯折板料。

（4）检查角度与尺寸（图 3-26）。

6. 打薄锤放演示

对零件制作过程中操作技巧进行演示，解决重难点问题。

（1）用扁头锤击，锤击宽度约占加工面的 3/4（图 5-40）。

图 5-40　锤击宽度约占加工面的 3/4

（2）换用平头锤击，使第一步未锤击部位延展（图 5-41）。

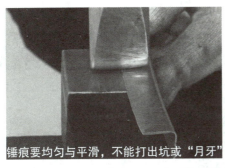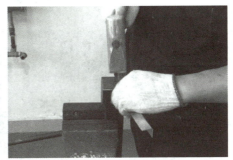

图 5-41　锤击部位

（3）在零件反面，使用平头锤击消除变形，使零件表面光滑（图 5-42）。

（4）用锉刀去除加工面边缘毛刺，再用砂纸打磨光滑。

（5）锤击点要外密内疏，锤痕要呈放射状。

（6）锤放边必须与铁砧表面平行并紧贴。

注意事项如下：

（1）锤击时，不能锤击内侧边缘，否则会使零件扭曲和角度变形（图 5-43）。

（2）平头锤击时，要减小力度，否则零件宽度会增加过多，板材变薄量过多，影响弧度变形情况。平头锤主要用于修整。

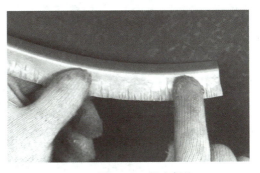

图 5-42　消除锤痕　　　　　　　　　图 5-43　锤击部位

（3）在经常用样板检查弯曲度，避免放边过量，否则不易修正，还可能报废（图5-44）。

（4）在锤放过程中，出现裂纹要及时剪掉、砂光（图5-45）。

锤击过程中实时用样板检验板料变形情况

图5-44　样板检测

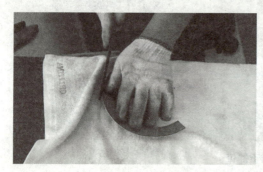

图5-45　去除毛刺

（5）不能使用蛮力进行锤击，否则会出现锤痕难以消除、加工硬化、板料裂纹等情况。

（6）锤击位置要正确，重复多次锤击一个位置，板料易加工硬化。

7. 自检

（1）按图纸要求检查零件尺寸。

（2）在工件合适位置写上姓名、学号。

（3）上交工件。

检测注意事项如下：

（1）样板检验的位置如图5-46所示。

图5-46　样板检验位置

（2）使用样板的时机：

1）无法判断零件放边弧度时；

2）锤放 2~3 遍之后；

3）直角尺检查不垂直（图 5-47）。

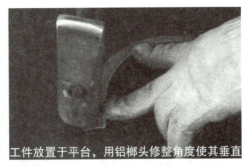

工件放置于平台，用铝榔头修整角度使其垂直

图 5-47　小于 90°校正方法

4）局部修整后，以及修整锤痕时，要时常使用样板检查。

（3）样板检验时出现图 5-48、图 5-49 所示的继续放边和适当收边两种情况。

图 5-48　继续放边　　　　　　　　　　**图 5-49　适当收边**

8. 6S 管理

（1）清点工具和设备，数量足够。

（2）清扫现场。

（3）在工具交接单上签字。

小提示：正确使用样板检查放边质量，能确保零件的制作质量，有效避免零件报废，养成产品质量控制与提高产品合格率的意识。

5.5.4　故障分析与处理

1.故障分析

（1）翘曲。

1）锤放面与铁砧不平行：放平锤放。

2）锤击弯折角引起：尽量避免（不能锤击弯折角），锤放范围靠外缘 3/4 平面（根据损伤情况进行修整）。

（2）外形与样板不符。锤放量不当：大于样板，应增加锤放量；小于样板，应适当收边。

（3）锤痕（图5-50）。

1）用力不均匀：锤要击平，均匀用力。

2）工具不当：修整工具，更换工具。

（4）裂纹（图5-51）。

1）边缘不光：锤击集中；变形量过大等。

2）打光边缘：及时排除裂纹；改进操作方法。

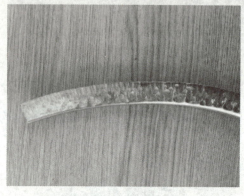

图 5-50　锤子落点不对

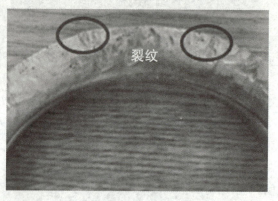

图 5-51　裂纹

注意事项如下：

（1）操作过程认真仔细，注意锤击位置的正确性；

（2）放平锤放，均匀锤放，力度适中；

（3）收边时，要修锉外缘并砂光；

（4）遵循标准，严谨细致。

2. 质量故障的避免

（1）合理选用适当的工具，榔头端面要光滑；

（2）锤痕均匀平滑，不能打出坑或"月牙"印；

（3）不能锤击弯曲根部；

（4）锤击点要外密内疏，锤痕要呈放射状；

（5）锤放边必须与铁砧表面平行并紧贴；

（6）经常用样板检查弯曲度，避免放边过量；

（7）经常修锉外缘并砂光，及时去除裂纹；

（8）不要过度用力锤击；

（9）正确的锤击方法能有效避免加工硬化。

5.6 任务实施二

飞机钣金加工课程实训操作工卡见表 5-6。

表 5-6 飞机钣金加工课程实训操作工卡

工卡号：460601-GK-04-R1

任务编号	5-4		任务难度		初级工
题名	飞机口盖制作（收边件制作）				
工作区域	飞机数字化装配实训中心——教学区				
工时 /min	330	开始时间		结束时间	
技能训练要求	（1）能正确选用木榔头； （2）能熟练使用木榔头进行手工收边操作； （3）具备处理零件质量故障的能力； （4）会正确使用样板检查零件质量。				
职业素养养成及安全注意事项	（1）严格遵守工具设备使用操作规程，不违规操作； （2）操作人员应穿戴好个人防护用品，包括实训服、棉线手套、耳塞、护目镜等； （3）工量具按要求摆放整齐，轻拿轻放，量具使用完成后注意清洁； （4）铁砧要夹持牢固，避免在锤击过程中掉落； （5）操作中经常检查榔头，不能有掉头现象； （6）实训室实行 6S 管理				

	工量具 / 设备 / 耗材 / 劳保用品				工作者	检查者
类别	名称	规格型号	单位	数量		
工量具	直口剪	10 in	把	1		
	弯口剪	8 in	把	1		
	铁砧	50 mm×50 mm	个	1		
	铝榔头	ϕ 25 mm，140 mm	把	1		
	木榔头	ϕ 60 mm，140 mm	把	1		
	折波钳	通用	把	1		
	平锉刀	8 in	把	1		
	记号笔	得力 No.6824	支	1		
	直角尺	0~300 mm	把	1		
	游标卡尺	0~150 mm	把	1		
	塞尺	0.05~1 mm	把	1		
	弧度样板（半圆）	ϕ 140 mm	个	1		
	台虎钳保护垫	150 mm	副	1		
	毛刷	3 in	把	1		
设备	折弯机	800 mm，R3 mm	台	公用		
	剪板机	1 200 mm×δ2 mm	台	公用		

工量具/设备/耗材/劳保用品					工作者	检查者
类别	名称	规格型号	单位	数量		
耗材	砂纸	120目	张	1		
	铝板	3A21-O-δ1.2 mm	块	按需		
劳保用品	耳塞	通用	副	1		
	护目镜	通用	副	1		
	棉线手套	通用	副	1		
工作准备						
（1）清点工具设备； （2）检查工具情况，外表完好无损，功能正常；计量工具在有效期内； （3）领取耗材，耗材应符合标准； （4）在工具交接单上签字						
操作步骤						
（1）操作准备。 1）识读与理解零件图纸尺寸，理解工作任务。 2）检查材料规格、表面质量。 3）依据图纸尺寸，计算材料展开尺寸。 4）确定板料纹路方向，剪切下料，去毛刺。 5）检查画线尺寸，符合图纸要求。 6）在折弯机上进行弯折。 7）弯折角度符合图纸要求。 ※注意：角度不符合要求时，使用木榔头进行校正。 （2）操作实施。 1）用折波钳在角材加工面折波，波纹要均匀，尺寸要适当。 ※注意：折波时，钳口要与板材平行，波纹高度不宜太高，否则容易产生死皱。 2）用木榔头先将波纹边缘收平，将波纹封口，以避免波纹伸展。 ※注意：使用木榔头以圆弧形式收口，避免产生死皱，材料裂纹。 3）使用木榔头呈圆弧形式向内侧挤压波纹，直至挤平。 ※注意：锤击时，不能锤击内侧 R 角附近，否则会使零件扭曲和角度变形。 4）采用先收口、再收平波纹的方式，收平其余波纹。 5）避开上一次起波位置，交错起波收边。 ※注意：避免在同一位置连续多次重复起波，否则板材易加工硬化，甚至产生裂纹。 6）使用样板检查收边完成度情况。 ※注意：常用样板检查放边弧度情况；避免收缩弧度不正确。 7）根据零件变形情况，选择性做波收边。 ※注意：变形量大的地方减少做波收边次数；变形量小的地方增加做波收边次数。 8）零件达到样板尺寸，使用铝榔头修整加工面锤痕。 ※注意：零件弧度最好略小于样板弧度，修整时能够有效避免再次收边。 9）使用榔头校正零件弯折角。 10）零件形状符合图纸要求后，修剪外形尺寸。 （3）操作收尾。 1）按图纸要求检查零件尺寸； 2）在工件合适处写上姓名、学号； 3）上交工件						

续表

结束工作		
（1）清点工具和设备，数量足够； （2）清扫现场； （3）在工具交接单上签字 -------------------------工卡结束-----------------------------		

5.6.1 操作过程中的安全注意事项

具体内容同项目 1，本处不再赘述。

收边件制作

5.6.2 实施过程

（1）识读工卡，确认工卡内容与工作内容是否一致。

（2）检查材料规格、外形尺寸是否符合要求及表面是否有损坏。

（3）依据图纸尺寸画线。

1）弯曲加工量；

2）收缩段；

3）平直部分尺寸；

4）展开料总长度。

（4）检查画线尺寸，符合图纸要求。

1）仔细核对所画的线条是否一致；

2）线条清晰。

（5）正确使用折弯机对零件进行弯曲。

1）塞入折弯机，俯视准线位置（图 5-52）；

角度不合适可以重弯，也可进行修整

图 5-52　检查折弯尺寸

2）弯曲准线与折弯机上压板外缘重合，测量露出宽度；

3）缓慢弯折板料；

4）检查角度与尺寸（图 5-53）。

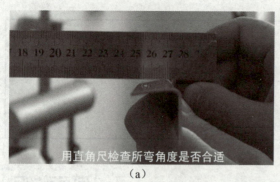

用直角尺检查所弯角度是否合适

（a）

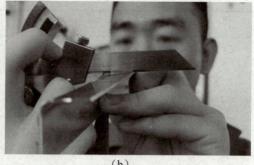

（b）

图 5-53　检查弯折角度

（a）错误；（b）正确

（6）正确使用折波钳在角材加工面折波。折波钳的使用要求如下：

1）折波时，钳口要与板材平行；

2）折波钳钳口光滑，开口尺寸适当；

3）按要求制作波纹（折波计算方法如图 5-54 所示）。

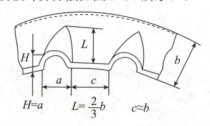

$$H=a \qquad L=\frac{2}{3}b \qquad c \approx b$$

图 5-54　折波计算方法

折波计算方法如下：

1）折波钳（图 5-55）完好，无脱焊、钳口光滑；

2）折波钳持握姿势要正确（图 5-56）；

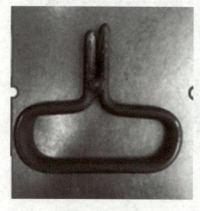

图 5-55　折波钳

波的宽度大于等于高度

图 5-56　折波姿势

3）波纹尺寸要符合要求（折波过程如图 5-57 所示）。

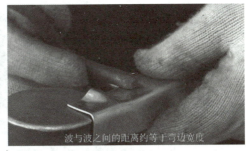

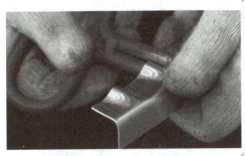

（b）

图 5-57　折波过程

（a）波纹尺寸；（b）折波过程

折波钳注意事项如下：

1）合理选用适当的工具，榔头端头要有大圆弧过渡；

2）波纹是挤平的，不是锤平的；

3）不能锤击弯曲根部；

4）挤平波纹时，避免材料折叠，产生死皱；

5）加工面必须与铁砧表面平行并紧贴；

6）经常修锉外缘并砂光，及时去除裂纹；

7）不要过度用力锤击，避免材料加工硬化；

8）不能从内侧往外缘锤击板材加工面；

9）正确的锤击方法能有效避免加工硬化。

（7）根据样板检验情况对零件进行收边操作。

1）样板比对的位置（图 5-58）。

2）使用样板的时机：

①无法判断零件收边弧度时；

②收边 2~3 遍之后；

③局部修整后，以及修整锤痕时，要时常使用样板检查。

样板检测演示如图 5-59 所示。

图 5-58 样板使用

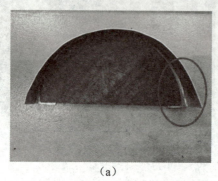 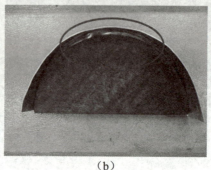

（a） （b）

图 5-59 样板检测演示

（a）继续收边；（b）适当放边

故障分析与处理如下：

1）拱曲。收放量不足：在拱曲范围内酌量收边。

2）翘曲。收边过量：在翘曲范围内，在与铁砧平台接触处酌量放边。

3）锤痕。

①用力不均匀：锤要击平，均匀用力。

②工具不当：修整工具，更换工具。

4）裂纹（尽量避免）。

①边缘不光；折波位置集中；变形量过大等。

②打光边缘；及时排除裂纹；改进操作方法。

5）材料折叠（尽量避免）。

①折波尺寸不对：按要求折波。

②锤击方法不对：采用正确的锤击方法。

注意事项如下：

1）操作过程中认真仔细，注意锤击位置的正确性；

2）力度适中，避免集中折波；

3）锤击方法要正确，避免材料折叠；

4）遵循标准，严谨细致。

（8）自检。

1）按图纸要求检查零件尺寸；

2）在工件合适处写上姓名、学号；

3）上交工件。

（9）6S 管理。

1）清点工具和设备，数量足够；

2）清扫现场；

3）在工具交接单上签字。

5.7 考核与评价

（1）实训操作评估单见表 5-7。

（2）职业素养考核见表 5-8。

表 5-7　实训操作评估单

实操题名：飞机口盖制作		实训评估单号：460601-PGD-03-R1		配套实训工卡号：460601-GK-03-R1	
姓名		班级		学生学号	
工作步骤		评分要素			
		基本技能		职业素养	
准备（15分）	1	工具/设备/材料等准备：（1）工具借用准备；（2）按工具清单清点工具/设备/材料；（3）量具有效性检查	（1）工具准备不到位，扣2分；（2）工具未清点，扣2分；（3）量具未检查有效性，扣2分	扣分值： 理由：	（1）工具摆放不规范，扣2分；（2）未按工具单清点工具，扣2分；（3）安全防护用品佩戴或使用不规范，扣3分；（4）有损伤工具设备的行为，扣2分	扣分值： 理由：
	2	安全准备：（1）个人安全防护已佩戴；（2）设备安全使用注意事项已阅读；（3）与相关人员的安全沟通已执行				

工作步骤			评分要素			
			基本技能		职业素养	
操作过程规范（30分）	3	（1）识读工卡； （2）检查材料规格、表面质量； （3）依据图纸尺寸，计算材料展开尺寸； （4）确定板料纹路方向，剪切下料，去毛刺； （5）检查画线尺寸，符合图纸要求； （6）在折弯机上进行弯折； （7）弯折角度符合图纸要求； （8）修整铝榔头，符合操作要求； （9）用扁头锤击，锤击宽度约占加工面的3/4； （10）换用平头锤击，使第一步未锤击部位延展； （11）在零件反面，用平头锤击消除变形，使零件表面平整； （12）用锉刀去除加工面边缘毛刺，再用砂纸打磨光滑； （13）重复以上步骤，放边弧度至70%~80%； （14）用铝榔头平头端，采用打滑锤的方式，修整锤痕； （15）用样板检查放边弧度，符合图纸要求； （16）剪切余料，修锉外形尺寸，去除毛刺	（1）未识读工卡，扣2分； （2）未进行板料质量检查，扣2分； （3）不按基准画线，扣2分； （4）未使用样板检查放边情况，扣2分； （5）铝榔头修整不符合要求，扣2分； （6）铝榔头使用不熟练，扣2分； （7）锤击弯折角位置，扣2分； （8）锤击过程中未修锉边缘毛刺，扣2分； （9）操作失误导致板料报废，可申请补发材料，每次扣10分，累计扣分	扣分值： 理由：	（1）操作过程中工量具随意摆放、不爱惜工量具，扣2分/次，最多扣6分； （2）工具使用不当、设备不按操作规程使用，扣2分/次，最多扣6分； （3）耗材随意乱扔，扣2分； （4）出现明显失误造成工具设备损坏，终止考试； （5）出现安全事故，终止考试	扣分值： 理由：
作品（40分）	4	（1）外形尺寸检查； （2）垂直度检查； （3）零件表面质量检查	（1）尺寸20 mm ±0.5 mm，每超差0.5 mm扣1分，最多扣4分； （2）垂直度90°±30′，每超差30′扣1分，最多扣6分；	扣分值： 理由：	N/A	N/A

工作步骤			评分要素			
			基本技能		职业素养	
作品（40分）	4		（3）零件与样板贴合度 ±0.5 mm，每超差 0.5 mm 扣 1 分，最多扣 6 分； （4）零件为半圆形，与样板不符的，按超差程度扣分，最多扣 4 分； （5）零件未去毛刺，每处扣 1 分，最多扣 4 分； （6）零件弯折角有损伤，按轻重程度扣分，最多扣 6 分； （7）零件表面有锤痕，按轻重程度扣分，最多扣 6 分； （8）作品出现明显变形，每处扣 1 分，最多扣 4 分； （9）零件出现裂纹，该大项不计分； （10）零件与图纸尺寸要求严重不符或零件质量严重不符合要求，该大项不计分	N/A		N/A
收尾（15分）	5	工作收尾： （1）工件署名，上交。 （2）按工具清单清点工具。 （3）清洁工作区域。 （4）归还工具、耗材。 （5）签署工卡	（1）工具未清点，扣 2 分； （2）未按工具清单清点工具，扣 2 分； （3）未归还工具、耗材，扣 2 分； （4）工卡签署不规范，扣 1 分 / 处，最多扣 3 分	扣分值： 理由：	（1）工具未整理，扣 2 分； （2）工作区域未清洁，扣 2 分； （3）工件未署名，扣 2 分	扣分值： 理由：
标准工时 / min	250	实际工时	（1）未在标准工时内完成，扣 2~10 分； （2）每超 5 min 扣 2 分，最多扣 10 分，不足 5 min 按 5 min 计算	扣分值： 理由：		
考生分数		是否通过	是□ 否□	评估员签字： 年　　月　　日		

表 5-8　职业素养考核评价标准

考核项目		考核内容	配分	扣分	得分
加工前准备	纪律	服从安排；场地清扫等；违反一项扣1分	2		
	安全生产	安全着装；按规程操作等；违反一项扣1分	2		
	职业规范	机床预热、按照标准进行设备点检；违反一项扣1分	4		
加工操作过程	文明生产	每打一次刀扣2分	4		
		工具、量具、刀具定制摆放、工作台面整洁等；违反一项扣1分	4		
加工操作过程	违规操作	用砂布、锉刀修饰；锐边没倒钝，或倒钝尺寸太大等没按规定的操作行为，扣1~2分	2		
6S 管理	清洁、清扫	清理机床内部的铁屑，确保机床表面各位置的整洁，清扫机床周围的卫生，做好设备的保养；违反一项扣1分	4		
	整理、整顿	工具、量具的整理与定制管理；违反一项扣1分	4		
	素养	严格执行设备的日常点检工作；违反一项扣1分	4		
出现严重违反设备操作规程或工伤事故		出现严重违反设备操作规程或工伤事故，整个测评成绩记0分			
合计			30		

5.8 总结与提高

5.8.1 项目实施情况分析

项目完成后，学员根据项目实施情况，分析存在的问题及原因，并填写表 5-9。指导教师对项目实施情况进行讲评。

表 5-9　操作基础项目实施情况分析表

项目实施过程	存在的问题	解决的办法
项目操作		
安全文明生产		

5.8.2　总结

1. 组内自评

（1）将完成的作品拍照上传至资源库平台，并标注存在的问题；

（2）组内成员对小组内作品评分并提出自己的见解，组长对本组操作情况进行总结。

2. 教师点评

（1）教师依照评估单对学生作品打分，同时可以作为学生的一次实操成绩；

（2）教师点评学生完成质量，指出共性问题，促进学生及时改正，提高学生的操作技能。

3. 延伸学习

学习新型放边方式的相关资料。

4. 课后作业

（1）什么是放边？什么是收边？（初级工）

（2）简述收边的操作方法及要点？（中级工）

（3）根据图纸（表 5-2）编写飞机油箱检查口盖加工工艺过程卡。

06

飞机隔框、翼肋的制作

6.1 学习目标

知识目标

（1）掌握拔缘的概念及原理；

（2）熟悉内拔缘与外拔缘的区别；

（3）熟悉手工拔缘常用工具与设备；

（4）掌握拔缘零件展开尺寸的计算方法；

（5）掌握手工拔缘的基本方法及操作要点；

（6）了解拱曲操作的注意事项。

能力（技能）目标

（1）能根据计算结果准确剪切下料；

（2）能熟练使用手工拔缘常用工具与设备；

（3）能熟练使用手工拔缘的操作方法制作零件；

（4）能采用正确的方法校正零件；

（5）能排除手工拔缘操作过程中常见的质量故障。

素质目标

（1）培养学生耐心细致、精益求精的工作态度；

（2）锻炼学生动手能力、团队合作能力、与人沟通的能力；

（3）培养学生按规章要求操作和质量控制意识。

职业素养及安全文明生产

（1）坚持安全、文明生产规范，严格遵守车间制度和劳动纪律；

（2）着装规范（工作服、劳保鞋），不携带与生产无关的物品进入车间；

（3）实训现场工具、量具和刀具等相关物料的定制化管理；

（4）线上资源浏览：飞机钣金制造过程——热爱航空的情怀；

（5）工具准备：落实工具"三清点"制度；

（6）按图纸画线：严谨细致，按章操作；

（7）尺寸检查：零缺陷、无差错的质量意识；

（8）零件剪切：树立质量意识，不断提高产品质量。

（9）严禁徒手清除铁屑，气枪严禁指向人；

（10）开启电气设备时，必须严格遵守操作规程；

（11）培养学生勤学好问、勤于思考、规范操作、严谨工作的求学态度。

6.2 任务描述

飞机隔框结构是飞机、导弹、机载吊舱等装备中常用的主要传力及承力结构。其结构主要由框缘、加强筋及腹板组成。

框缘及加强筋是隔框的主要受力部位，在结构传力中起主导作用，腹板能够承受一定的面内剪力和正应力。同时，为了减轻结构质量，满足环控通风散热、电缆敷设等要求，通常在隔框腹板处开出一些孔洞。

6.2.1 问题提出

什么是拔缘？拔缘有哪几种？什么是复合拔缘？复合拔缘在飞机制造和维修中的应用及拔缘产生原因与解决方法是什么？

6.2.2 案例导入

图片、实物展示：飞机油箱口盖、隔框、腹板、翼肋、型材等构件，这些构件在制作时，除折弯外，还发生了哪些变化？导入制作任务——飞机油箱口盖加强边制作（图6-1）。

图6-1 某型飞机垂直尾翼

观察图片、实物情况，建立直观印象，跟随教师呈现问题思路，体验问题情境。

6.2.3　发布工作任务卡

工作任务卡见表 6-1~ 表 6-3。

表 6-1　工作任务卡

任务编号	6-1	任务等级	高级工
任务名称	复合拔缘（桶形件制作）		
工作区域	飞机数字化装配实训中心——教学区		
建议学时	10 学时		
工作任务			

加工如图 6-2 所示的零件，毛坯为 1 800 mm×1 800 mm×1.2 mm 的板料，材料为 2A12-T4。

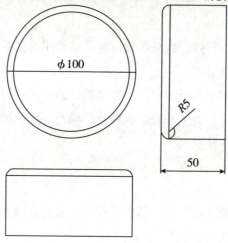

图 6-2　桶形拔缘件尺寸

技术要求：
（1）板材型号：2A12-T4-δ1.0 mm；
（2）所有未标注尺寸公差均为 ±0.5 mm；
（3）零件平整无明显扭曲变形；
（4）剪断面光滑、平直，边缘无毛刺；
（5）零件表面无划伤、磕伤、压痕等机械损伤；
（6）零件不能有裂纹

表 6-2　工作任务卡

任务编号	6-2	任务等级	高级工
任务名称	复合拔缘（腰形件制作）		
工作区域	飞机数字化装配实训中心——教学区		
建议学时	10 学时		

工作任务

加工如图 6-3 所示的零件，毛坯为 180 mm×135 mm×1.2 mm 的板料，材料为 2A12-T4。

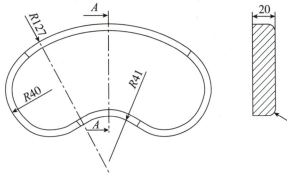

图 6-3　腰形拔缘件尺寸

技术要求：
（1）板材型号：2A12-T4-δ1.0 mm；
（2）所有未标注尺寸公差均为 ±0.5 mm；
（3）零件平整无明显扭曲变形；
（4）剪断面光滑、平直，边缘无毛刺；
（5）零件表面无划伤、磕伤、压痕等机械损伤；
（6）零件不能有裂纹

表 6-3　工作任务卡

任务编号	6-3	难度等级	高级工
任务名称	飞机机翼翼肋制作		
工作区域	飞机数字化装配实训中心——教学区		
建议学时	8 学时		
工作任务			

加工如图 6-4 所示零件，毛坯为 120 mm×190 mm×1.2 mm 的板料，材料为 2A12-T4。
技术要求：
（1）板材型号：2A12-T4-δ1.2 mm；
（2）所有未标注尺寸公差均为 ±0.5 mm；
（3）角度垂直度公差为 ±30′；
（4）边缘光滑、平直、无毛刺；
（5）零件平整无变形，表面无划伤、磕伤、压痕等机械损伤；
（6）零件不能有裂纹

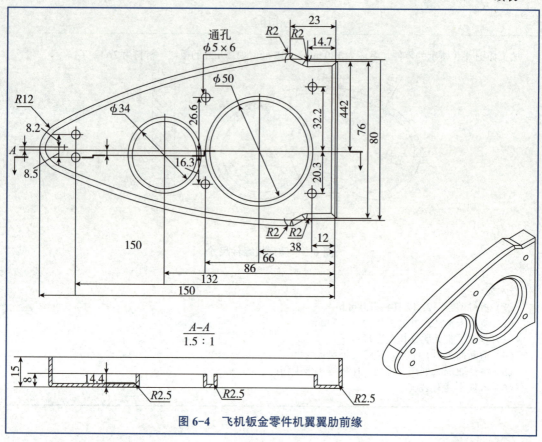

图 6-4 飞机钣金零件机翼翼肋前缘

6.3 知识链接

6.3.1 拔缘的基本内容

1. 拔缘的定义

拔缘是利用收边和放边的方法，将板料的边缘加工成曲线弯边零件。

2. 手工拔缘的工具

手工拔缘用工具除收边、放边工具外，还有不同形状的砧座、角顶和手打模，如图 6-5 所示。

3. 分类

（1）按加工方法可将拔缘分为手工拔缘和机器拔缘。

（2）按拔缘的对象可将拔缘分为以下三类：

1）内拔缘（也称孔拔缘）。沿凹曲线或内孔进行放边，得到弯边，增加零件的刚性和减轻质量，如孔翻边。

2）外拔缘。沿凸曲线对外形进行收边，得到弯边，增加零件的刚性，例如，飞机的框板和肋骨类零件，一般是外拔缘。

拔缘

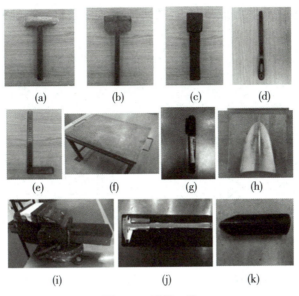

图 6-5　拔缘工具

（a）铝榔头；（b）木榔头；（c）铁砧；（d）锉刀；（e）直角尺；（f）校正平台；（g）记号笔；
（h）导风罩胎模；（i）台虎钳；（j）游标卡尺；（k）木尖

3）管节拔缘。沿管口进行收边，得到弯边，增加管端的刚性和连接后的密封性，如飞机的各类管件、导管等，管节拔缘已被机器扩口等工艺代替。

（3）按操作方法可将拔缘分为无模具拔缘和有模具拔缘。

6.3.2　手工拔缘的操作步骤及要点

1. 模具外拔缘

（1）操作步骤。

1）下毛料并修光边缘毛刺，画出拔缘宽度线，如图 6-6 所示。

2）将要拔缘的边在铁砧上敲出根部轮廓线，再敲出波纹或用折波钳做波纹，如图 6-7 所示。

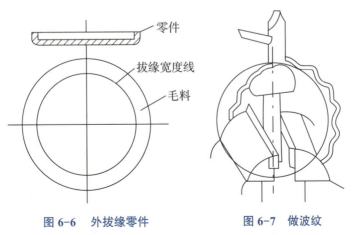

图 6-6　外拔缘零件　　　　　图 6-7　做波纹

3）逐个平波纹使边缘收缩成凸弯边，然后画线去除余料，如图 6-8 所示。

（2）操作要点。

1）当弯边高度小于 10 mm 时，将毛料放在木榔头或铁棒上拔缘，可提高工效，如图 6-9 所示。

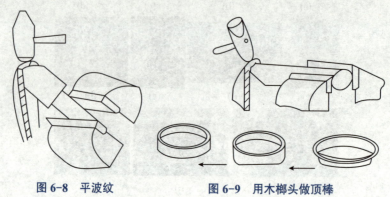

图 6-8　平波纹　　　　　　　　图 6-9　用木榔头做顶棒

2）当弯边高度大于 10 mm 时，先在顶铁上按弯曲线敲出根部轮廓，如图 6-10 所示。

3）用顶棒顶住弯边根部，向下搂边，收缩弯边，逐步增加弯边高度，用榔头锤击时要转动材料，使材料变形均匀，如图 6-11 所示。

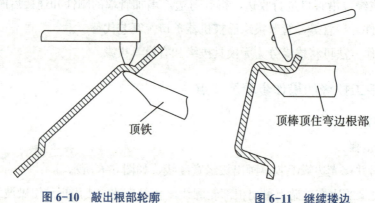

图 6-10　敲出根部轮廓　　　　　图 6-11　继续搂边

4）修整弯边。如口部稍加收缩，可提高拔缘效果，如图 6-12 所示。

5）拔缘时用旧的木榔头效果好，新的木榔头和胶木榔头易使材料加工硬化，效果不好，如图 6-13 所示。

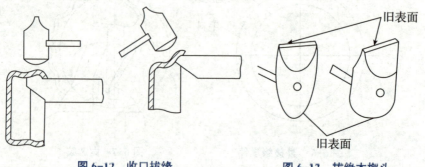

图 6-12　收口拔缘　　　　　　　图 6-13　拔缘木榔头

2. 无模具内拔缘

（1）操作步骤。

1）计算展开尺寸，下毛料并砂光边缘，画出拔缘线，如图 6-14 所示。

2）用打薄方法成型内拔缘。如图 6-15（a）所示，先在有弯曲半径 R 的顶铁上用尖头或圆头木榔头制出拔缘根部；再如图 6-15（b）所示，调整毛料角度，用胶木榔头或铝榔头排开边缘达到拔缘高度。

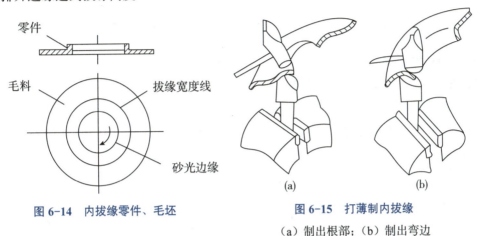

图 6-14　内拔缘零件、毛坯

图 6-15　打薄制内拔缘

（a）制出根部；（b）制出弯边

3）拉薄伸展制内拔缘。先在厚橡皮板上用榔头将内弯边拉薄，如图 6-16（a）所示；再如图 6-16（b）所示，在顶铁上制弯曲半径 R 修整弯边。

（2）操作要点。图 6-17 所示的砂光边缘内拔缘是放边过程，成型难点是变薄量的控制及防止拉裂。

1）边缘毛刺一定要沿圆周方向砂光，如图 6-17 所示，拔缘中出现波纹要及时排除。

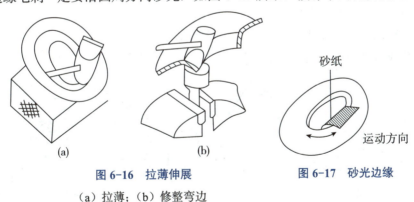

图 6-16　拉薄伸展

（a）拉薄；（b）修整弯边

图 6-17　砂光边缘

2）当铝合金拔缘前、后的孔径之比 $d/D < 0.85$ 时，一次拔缘有困难，应增加中间退火工序，或改用揉边的方法成型，如图 6-18 所示。

3）用转移补充材料的方法减少变薄，如图 6-19 所示的口框，从 A 处开始拔缘成型弯曲半径 R，使直线部分材料向弯曲半径 R 弯边转移，最后弯曲直线部分。

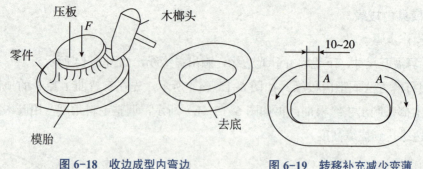

图 6-18　收边成型内弯边　　　图 6-19　转移补充减少变薄

3. 按模具外拔缘

可用搂边收缩的方法拔缘，如图 6-20 所示。

4. 按模具内拔缘

内拔缘零件为凹曲线拔缘零件，因边高拔缘成型易产生裂纹，但方法正确不仅可防止裂纹，还可减少变薄（图 6-21）。

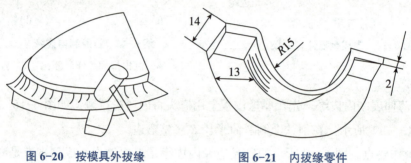

图 6-20　按模具外拔缘　　　图 6-21　内拔缘零件

（1）操作步骤。

1）下料，去毛刺并砂光边缘。

2）将毛料按模具定位并夹紧，如图 6-22 所示。

3）弯曲成型转角处，如图 6-23 所示。

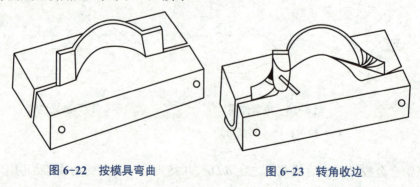

图 6-22　按模具弯曲　　　图 6-23　转角收边

4）用尖榔头制半圆处弯边根部，如图 6-24 所示。

5）顶放弯边，从两端向中间弯曲边缘（外缘制小弯边），如图 6-25 所示。

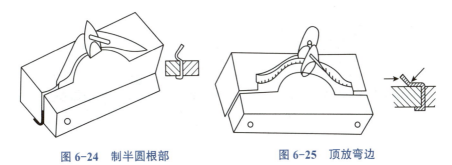

图 6-24　制半圆根部　　　　图 6-25　顶放弯边

6）从两端向中间平皱并校平，如图 6-26 所示。

7）画线、剪切余料、去毛刺。

（2）操作要点。

1）敲打时不能打弯边外缘，否则容易变薄拉裂，应从根部向外拔缘，如图 6-27 所示。

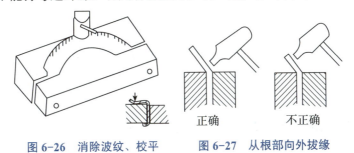

图 6-26　消除波纹、校平　　　图 6-27　从根部向外拔缘

2）对大孔拔缘，经常在厚橡皮上放边拉薄再拔缘，如图 6-28 所示。

3）放工艺余量向凹弯边补充材料，减少变薄，防止端头材料变短，如图 6-29 所示。

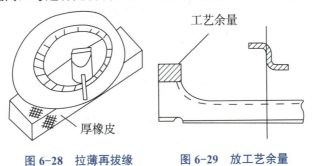

图 6-28　拉薄再拔缘　　　图 6-29　放工艺余量

4）在材料变形的极限范围内，可用合适的木榔头或模芯一次冲出（图 6-30）。

5）对较大的圆孔或椭圆孔进行拔缘，可用塑料板或精制层板制成凸模块进行拔缘，如图 6-31 所示。

6）对特殊形状的零件，如腰形盒子（图 6-32），有内、外拔缘，应注意折波时小弯曲半径 R 处折波多，大弯曲半径 R 处折波少；拔缘时先收边，后放边，先收小弯曲半径 R 处，后放大弯曲半径 R 处。

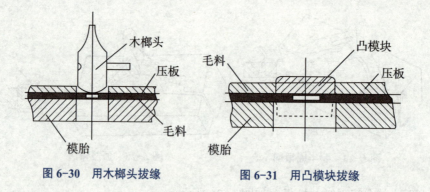

图 6-30　用木榔头拔缘　　　　　图 6-31　用凸模块拔缘

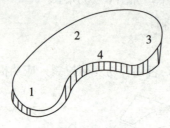

图 6-32　复合拔缘

1，2，3—外拔缘；4—内拔缘

6.3.3　拔缘件的毛料计算

（1）内拔缘毛料内孔的计算（图 6-33）。

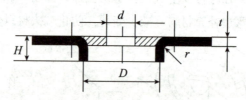

图 6-33　计算毛料孔径的图形

$$d=D-2（H-0.43r-0.72t）$$

（2）外拔缘毛料孔径的计算（图 6-34）。

$$D_毛=\sqrt{d^2-4dh}$$

（3）平面腹板弯边件的计算。

毛料展开一般可按弯曲件计算，即取毛料的尺寸等于中性层的长度，如图 6-35 所示

6.3.4　木榔头使用演示

（1）木榔头的修整如图 6-36、图 6-37 所示。

（2）锤击时要求锤正直，打平、打稳、打准。

图 6-34 计算毛料外径的图形

图 6-35 平面弯边件的几何尺寸

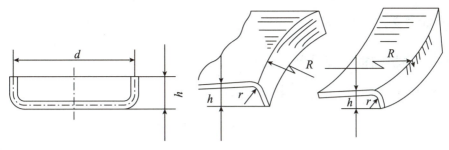

图 6-36 大圆头修整   图 6-37 小圆头修整

注意事项如下：

（1）木榔头扁头端呈圆弧状并中间高两端低，平头端平面光滑外缘带有圆弧过渡；

（2）锤痕要均匀平滑，不能打出坑或"月牙"印；

（3）使用腕力进行锤击，不能使用蛮力。

6.3.5 拔缘常见质量故障、原因分析与排除方法

拔缘常见质量故障、原因分析与排除方法见表 6-4。

表 6-4 拔缘常见质量故障、原因分析与排除方法

序号	常见故障	原因分析	排除方法
1	根部顶伤	（1）顶铁不光。 （2）顶铁选择不正确	（1）打光工作面。 （2）正确使用顶铁
2	外形与样板不符	弯曲线位置不准确	画出弯折线随时用样板检查
3	角度偏大	（1）外拔缘收缩量不够。 （2）内拔缘放边量不够	（1）增加收缩量。 （2）增加放边量
4	榔头印痕	（1）锤击不均匀。 （2）榔头使用不当	（1）均匀锤击。 （2）正确使用收、放榔头
5	裂纹	（1）边缘不光。 （2）锤击集中。 （3）变形量过大。 （4）加工硬化	（1）打光边缘，出现裂纹及时排除。 （2）锤击要均匀。 （3）改进操作方法。 （4）增加中间退火工序

6.4.1 飞机隔框、翼肋制作工卡

飞机钣金加工课程实训操作工卡见表6-5。

表6-5 飞机钣金加工课程实训操作工卡

工卡号：460601-GK-01-R1

任务编号	6-4					
题名	桶形拔缘件制作					
工作区域	飞机数字化装配实训中心——教学区					
工时/min	370	开始时间		结束时间		
技能训练要求	（1）了解拔缘概念及原理； （2）掌握拔缘基本方法及操作要点					
职业素养养成及安全注意事项	（1）养成细致严谨的工作作风，避免操作过程中裂纹产生； （2）操作噪声过大，保护听力，佩戴耳塞； （3）培养学生从事飞机维修岗位工作，养成适应工作环境的吃苦耐劳职业精神					
工量具/设备/耗材/劳保用品					工作者	检查者
类别	名称	规格型号	单位	数量		
工量具	圆柱形铁砧	$\phi100$ mm×100 mm	个	1		
	柱形铁棒	$\phi30$ mm×200 mm	个	1		
	中平锉	10 in	把	1		
	细平锉	10 in	把	1		
	木榔头	圆柱形	把	1		
	铝榔头	$\phi25$ mm，140 mm	把	1		
	折波钳	$\phi60$ mm，140 mm	把	1		
	直口剪刀	10 in	把	1		
	画线平板	300 mm×260 mm	台	公用		
	划规	100 mm	把	1		
	记号笔	得力 No.6824	支	1		
	高度游标卡尺	300 mm	把	公用		
	钢板尺	300 mm	把	1		
	游标卡尺	150 mm	把	1		
设备	工作钳台	150 mm	台	1		
	手剪机		台	公用		

工量具/设备/耗材/劳保用品					工作者	检查者
类别	名称	规格型号	单位	数量		
耗材	LF21M 铝板	δ1.2LF21M、175 mm×175 mm	块	1		
	细砂布	400 目	张	1		
劳保用品	肥皂	通用	块	1		
	耳塞	通用	副	1		
	棉线手套	通用	副	1		
工作准备						
（1）到工具库房领取工具； （2）检查工具情况，外表完好无损，功能正常；计量工具在有效期内； （3）领取耗材，耗材应符合标准； （4）办理好领取手续						
操作步骤						
（1）准备工作。 ※注意：板料表面应平整无划痕，若出现较深划痕应更换板料；板料尺寸应符合制作要求。 ※警告：采用手工剪切时，请戴好护目镜和棉线手套。 ※警告：修锉时，要戴好护目镜。 1）检查板料尺寸。 2）检查板料表面质量。 3）利用圆规在板料上画出最大的圆。 4）剪圆材料：用直口剪剪出 ϕ175 mm 圆形材料。 5）将材料周边毛刺除去（锉修），保证周边光滑无痕 （2）无模具拔缘操作。 1）将板料放置于凹模上，将其边缘收小，底部拉伸。 2）将板料中心放置于柱形铁砧上，沿铁砧周边敲出轮廓。 ※注意：锤击时，锤击力不宜太大，锤击力度均匀，边缘高度为 2 mm 就可停止敲击，过高的边缘容易产生裂纹。 3）将板料周边放置在铁棒上，利用铁棒边缘将板料周边翻边，长约为10 mm，角度约为 120°。 4）在板料轮廓线位置贴住铁棒端头，板料表面与铁棒长度方向尽量平行。 5）沿铁棒端头方向一圈一圈地用木榔头敲击（敲击点应在托空部位，每次敲击量不应过大），当板料与铁棒端头贴合后才能继续向后敲击。 6）沿铁棒长度方向一圈一圈地敲击，且必须在前一圈与铁棒贴合后才能继续下一圈的敲击，直到板料边缘处，再将翻边形成的鼓包收平。 ※注意：锤击时，锤击力不宜太大，锤击力度均匀，锤击点距离均匀，确保加工表面过渡圆滑。 7）重复 2）~6）步骤，每次敲击应修整底面轮廓保证其位置和大小，用锉刀及时消除板料边缘产生的裂纹并砂光 （3）整形。 1）将工件放入 ϕ100 mm 铁砧内，沿工件底部向上用木榔头一圈一圈地敲击工件表面直至贴合，对于收缩过量区域采用铝榔头放边修整。 2）修整底面，不能有空鼓现象，若不能完全放入铁砧，应从过小部位用铝榔头放边，逐步放大避免展开过量 （4）检验尺寸及外形。 1）利用游标卡尺测量工件开口直径。						

2）观察工件表面应无明显锤痕，否则将工件贴紧铁砧用木榔头修整表面直至锤痕消失。 3）利用高度尺测量工件高度，并画出 50 mm 高度线。 4）利用直口剪剪切余量，用砂布将剪切部位打磨光滑	
结束工作	
（1）清点工具和设备，数量足够。 （2）清扫现场。 （3）归还工具，耗材。 （4）在工具室归还登记簿上做好归还记录	
----------------------------- 工卡结束 -----------------------------	

6.4.2　操作过程中的安全注意事项

具体内容同项目 1，本处不再赘述。

6.4.3　实施过程

1. 识读工卡

识读工卡，确认工卡内容与工作内容是否一致。

2. 检查材料规格、表面质量

检查材料规格、外形尺寸是否符合要求及表面是否有损坏。

注意事项如下：板料表面应平整无划痕，若出现较深划痕，应更换板料；板料尺寸应符合制作要求。

3. 依据图纸尺寸画线

（1）找出画线基准；

（2）依据图纸尺寸完成画线（图 6-38）。

4. 检查画线尺寸，符合图纸要求

（1）仔细核对所画的线条是否一致；

（2）线条清晰。

5. 使用直口剪去除余量并砂光

（1）使用直口剪去除多余边角（图 6-39），并注意连接处无毛刺；

（2）需戴护目镜；

（3）剪切完成后，使用台虎钳（软钳口保护零件表面不被夹伤）夹持零件（图 6-40），使用锉刀圆弧表面去毛刺（图 6-41）。

6. 敲制底面轮廓

（1）将板料放置于凹模上将其边缘收小，底部拉伸（图 6-42）。

（2）将板料中心放置于柱形铁砧上，沿铁砧周边敲出轮廓（图 6-43）。

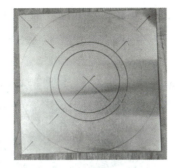

图 6-38　画线

图 6-39　去除多余边角

图 6-40　使用软钳口夹持零件

图 6-41　锉刀锉除毛刺

图 6-42　放置于凹模上

图 6-43　放置于柱形铁砧上

（3）将板料周边放置在铁棒上（图 6-44），利用铁棒边缘将板料周边翻边，长约为 10 mm。

（4）将板料轮廓线位置贴住铁棒端头，板料表面与铁棒长度方向尽量平行，由外向内敲击（图 6-45）。

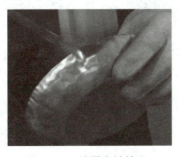

图 6-44　放置在铁棒上

图 6-45　敲击后效果

（5）沿铁棒长度方向一圈一圈地敲击（图6-46），且必须在前一圈与铁棒贴合后才能继续下一圈的敲击，直到板料边缘处，再将翻边形成的鼓包收平（图6-47）。

图6-46　沿铁棒长度方向敲击　　　　　图6-47　收口后效果

7. 整形

（1）将工件放入 ϕ100 mm 铁砧上，沿工件底部向上用木榔头一圈一圈地敲击工件表面直至贴合，对于收缩过量区域采用铝榔头放边修整（图6-48）。

图6-48　套入模具进行整形

（2）修整底面，不能有空鼓现象，若不能完全放入铁砧，应从过小部位用铝榔头放边，逐步放大避免展开过量（图6-49）。

图6-49　出现喇叭口时进行收口处理

8. 检验尺寸及外形

（1）利用游标卡尺测量工件开口直径；

（2）工件表面应无明显锤痕，否则将工件贴紧铁砧，用木榔头修整表面直至锤痕消失；

（3）利用高度尺测量工件高度，并画出 50 mm 高度线；

（4）利用直口剪剪切余量，用砂布将剪切部位打磨光滑。

9. 高度尺测量高度，剪切余量

（1）使用高度游标卡尺按图纸尺寸画线（图 6-50）；

（2）使用弯口剪对多余余量进行剪切。

图 6-50　高度游标卡尺画线

10. 锉除余量并砂光

（1）使用细平锉刀对外圆弧进行修锉；

（2）使用圆弧锉刀对内圆弧进行修锉；

（3）使用砂布锉削毛刺进行打磨、去除。

11. 自检

（1）按图纸要求检查零件尺寸；

（2）在工件合适处写上姓名、学号；

（3）上交工件。

12. 6S 管理

（1）清点工具和设备，数量足够；

（2）清扫现场；

（3）在工具交接单上签字。

6.5 任务实施二

6.5.1　飞机钣金腰形零件制作工卡

飞机钣金加工课程实训操作工卡见表 6-6。

表 6-6　飞机钣金加工课程实训操作工卡

工卡号：460601-GK-01-R1

任务编号		6-5					
题名		腰形拔缘件制作					
工作区域		飞机数字化装配实训中心——钣金区					
工时 /min	240	开始时间			结束时间		
技能训练要求		（1）掌握有模具拔缘方法及操作要点； （2）掌握收、放边的综合应用，并能分析故障并排除；					
职业素养养成及安全注意事项		（1）养成千锤百炼、爱岗敬业的工匠精神； （2）操作噪声过大，保护听力，佩戴耳塞； （3）培养学生从事飞机维修岗位工作，养成适应工作环境的吃苦耐劳职业精神					
工量具 / 设备 / 耗材 / 劳保用品						工作者	检查者
类别	名称	规格型号	单位	数量			
工量具	模胎	腰形	个	1			
	压铁	腰形	个	1			
	中平锉	10 in	把	1			
	细平锉	10 in	把	1			
	木榔头	圆柱形	把	1			
	铝榔头	扁头	把	1			
	胶木榔头	扁头	把	1			
	胶木冲	ϕ 25 mm	把	1			
	折波钳	通用	把	1			
	弯剪刀	10 in	把	1			
	画线平板	300 mm×260 mm	台	公用			
	划规	100 mm	把	1			
	铅笔	B2	支	1			
	记号笔	得力 No.6824	支	1			
	高度游标卡尺	300 mm	把	公用			
	直角尺	300 mm	把	1			
设备	工作钳台		台	1			
	手剪机		台	公用			
耗材	LF21M 铝板	δ1.2LF21M、 145 mm×230 mm	块	1			
	细砂布	400 日	张	1			

工量具 / 设备 / 耗材 / 劳保用品					工作者	检查者
类别	名称	规格型号	单位	数量		
劳保用品	肥皂	通用	块	1		
	耳塞	通用	副	1		
	棉线手套	通用	副	1		

工作准备		
（1）到工具库房领取工具； （2）检查工具情况，外表完好无损，功能正常；计量工具在有效期内； （3）领取耗材，耗材应符合标准； （4）办理好领取手续		

操作步骤		
（1）准备工作。 ※ 注意：板料表面应平整无划痕，若出现较深划痕应更换板料；板料尺寸应符合制作要求。 ※ 警告：采用手工剪切时，请戴好护目镜和棉线手套。 ※ 警告：修锉时，要戴好护目镜。 1）检查板料尺寸。 2）检查板料表面质量。 3）将模胎放置于板料中心，用记号笔描出轮廓线及弯边高度线。 4）剪切材料：用剪刀剪出轮廓材料。 5）将材料周边毛刺除去（锉修），保证周边光滑无痕。 6）按图纸要求检验样板 （2）腰形零件拔缘操作。 1）将材料夹在圆柱形模胎与圆柱形压板之间，周边对零件底面轮廓线，用 C 形夹固定（或夹在台虎钳上固定）。 2）用胶木榔头扁头一端敲击靠近模胎根部一周的材料表面，使其向模胎高度方向弯曲，同时产生皱波。 3）从模胎根部向模胎高度方向沿其周向方向逐圈敲击材料表面，使其贴向模胎表面，同时收平皱波。 4）收平皱波时，用扁头胶木冲在材料与模胎之间顶住，协助收平皱波。 ※ 注意：锤击时，锤击方向应朝向材料与模胎侧面之间弧面的法线方向，锤击力不宜太大，锤击力度均匀，锤击点距离均匀，确保加工表面过渡圆滑。及时控制拔缘后材料的厚度，防止材料裂纹 （3）整形。 1）沿模胎侧面呈螺旋线敲击，直至材料与模胎全面贴合，保证表面光滑、平整。 2）从模胎上取下工件，按图纸要求画出工件高度的等高线。 3）用手剪沿等高线剪去多余材料，再用细锉、细砂布精修工件口部 （4）检验尺寸及外形。 1）高度尺测量工件高度。 2）用直角尺测量弯边垂直度。 3）工件表面无明显锤痕、划伤。		

结束工作		
（1）清点工具和设备，数量足够。 （2）清扫现场。 （3）归还工具、耗材。 （4）在工具室归还登记簿上做好归还记录		

------------------------------- 工卡结束 -------------------------------

6.5.2　操作过程中的安全注意事项

具体内容同项目1，本处不再赘述。

6.5.3　木榔头使用

（1）锤击时要求锤正直，打平、打稳、打准，一只手握锤，另一只手使用胶木木楔顶住变形方向，防止零件过度变形（图6-51）。

（2）保持锤击位置和胶木木楔位置一致，运动方向保持一致（图6-52）。

图6-51　锤击落点

图6-52　锤击位置

注意事项如下：

（1）木榔头扁头端呈圆弧状并中间高两端低，平头端平面光滑外缘带有圆弧过渡；

（2）锤痕要均匀平滑，不能打出坑或"月牙"印；

（3）使用腕力进行锤击，不能使用蛮力。

小提示：通过"工具选用"，培养正确使用工具、修整工具的能力。

6.5.4　打薄锤放

1. 夹持板料操作要领

（1）模具表面应干净整洁，否则会造成零件表面损伤；

（2）压紧块采用 R 角较大一面，否则会损失板料；

（3）为便于操作，应调整好夹持位置并防止掉落。

2. 敲制大曲面操作要领

（1）木楔顶住的位置才能敲击（图6-53）；

（2）必须等上一次敲击与模具贴合后才能进行下一次操作；

（3）敲制不能过急，应循序渐进，否则后期修整困难（图6-54）。

3. 敲制小曲面操作要领

（1）敲制过程中产生的较高波纹应逐步去除，否则容易产生死褶（图6-55、图6-56）；

（2）敲制过程中应尽量将材料向交接处赶放，使其有足够的材料展放。

图 6-53　敲击时注意击打部位

图 6-54　敲击时注意击打方向

图 6-55　敲击时产生死褶

图 6-56　死褶处理方法

4. 锤放结合处操作要领

（1）锤放幅度要小，过大容易拉断材料；

（2）锤放处不能有毛刺，否则容易开裂，必须砂光边缘。

6.5.5　实施过程

1. 识读工卡

识读工卡，确认工卡内容与工作内容是否一致。

2. 检查材料规格、表面质量

检查材料规格、外形尺寸及表面是否有损坏（图 6-57）。

3. 依据图纸尺寸画线

（1）找出画线基准；

（2）依据图纸尺寸完成画线（图 6-58）。

图 6-57　检查备料

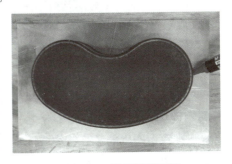

图 6-58　使用模具画线

4. 检查画线尺寸，符合图纸要求

（1）仔细核对所画的线条是否一致；

（2）线条清晰。

5. 用直口剪去除外圆弧，用弯口剪去除内圆弧余量并砂光

（1）使用直口剪时注意连接处无毛刺、变形（图6-59）；

（2）需戴护目镜；

（3）剪切完成后校正，去毛刺（图6-60）。

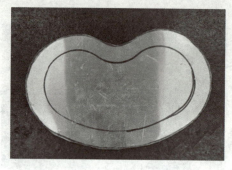 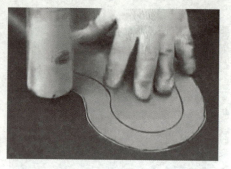

图 6-59　剪切后的零件　　　　　　图 6-60　修整剪切时产生的变形

6. 使用台虎钳夹持板料

（1）模具表面应干净整洁，否则会造成零件表面损伤；

（2）压紧块采用 R 角较大一面，否则会损失板料；

（3）为便于操作应调整好夹持位置并防止掉落。

7. 敲制外曲面

（1）木楔顶住的位置才能敲击（图6-61）；

（2）必须等上一次敲击与模具贴合后才能进行下一次操作（图6-62）；

（3）敲制不能过急，应循序渐进，否则后期修整困难。

图 6-61　使用木楔顶住敲击　　　　图 6-62　敲击与模具贴合

8. 敲制内曲面

（1）敲制过程中产生的较高波纹应逐步去除，否则容易产生死褶（图6-63）；

（2）敲制过程中应尽量将材料往交接处赶放，使其有足够的材料展放（图6-64）。

图 6-63　敲击内曲面

图 6-64　敲击内曲面时的敲击方向

9. 锤放结合处

（1）锤放幅度要小，过大容易拉断材料；

（2）锤放处不能有毛刺，否则容易开裂，必须砂光边缘（图 6-65）。

图 6-65　敲击内曲面时内圆弧面不能有毛刺

10. 修整侧面

使用木榔头和橡胶条在模具内对零件进行贴模修整（图 6-66、图 6-67）。

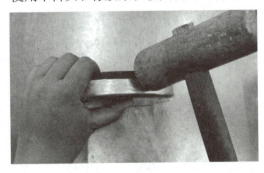

图 6-66　使用木榔头合模

图 6-67　使用橡胶条击打合模

11. 高度尺测量高度，剪切余量

（1）使用高度游标卡尺按图纸尺寸画线（图 6-68）；

（2）使用弯口剪对多余余量进行剪切（图 6-69）。

12. 锉除余量并砂光

（1）使用细平锉刀对外圆弧进行修锉（图 6-70）；

（2）使用圆弧锉刀对内圆弧进行修锉（图 6-71）；

图 6-68　依据图纸尺寸画线

图 6-69　剪去多余余料

图 6-70　细平锉修整外圆弧

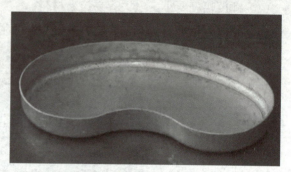

图 6-71　半圆锉修整内圆弧

（3）使用砂布锉削毛刺，进行打磨，去除。

13. 自检

（1）按图纸要求检查零件尺寸；

（2）在工件合适处写上姓名、学号；

（3）上交工件。

14. 6S 管理

（1）清点工具和设备，数量足够；

（2）清扫现场；

（3）在工具交接单上签字。

6.6 任务实施三

6.6.1　飞机机翼翼肋前缘段制作工卡

飞机机翼翼肋前缘段制作工卡见表 6-7。

表 6-7 飞机机翼翼肋前缘段制作工卡

工卡号：460601-GK-01-R1

任务编号	6-6		难度等级		高级工	
题名	飞机机翼翼肋前缘段制作					
工作区域	飞机数字化装配实训中心——教学区					
工时 /min	370	开始时间		结束时间		
技能训练要求	（1）了解折弯的概念及原理； （2）了解收边的概念及原理； （3）了解放边的概念及原理； （4）了解折弯收边件的展开计算方法； （5）了解拔缘的概念及原理； （6）掌握综合件基本方法及操作要点					
职业素养养成及安全注意事项	（1）养成细致严谨的工作作风，避免操作过程中裂纹产生； （2）操作噪声过大，保护听力，佩戴耳塞； （3）培养学生从事飞机维修岗位工作，养成适应工作环境的吃苦耐劳职业精神					
	工量具 / 设备 / 耗材 / 劳保用品				工作者	检查者
类别	名称	规格型号	单位	数量		
工量具	机翼前缘铁砧	专用模具	个	1		
	柱形铁棒	ϕ 30 mm×200 mm	个	1		
	中平锉	10 in	把	1		
	细平锉	10 in	把	1		
	木榔头	圆柱形	把	1		
	铝榔头	ϕ 25 mm，140 mm	把	1		
	折波钳	ϕ 60 mm，140 mm	把	1		
	直口剪	10 in	把	1		
	画线平板	300 mm×260 mm	台	公用		
	划规	100 mm	把	1		
	记号笔	得力 No.6824	支	1		
	高度游标卡尺	300 mm	把	公用		
	钢板尺	300 mm	把	1		
	游标卡尺	150 mm	把	1		
设备	工作钳台	150 mm	台	1		
	手剪机		台	公用		

工量具 / 设备 / 耗材 / 劳保用品					工作者	检查者
类别	名称	规格型号	单位	数量		
耗材	LF21M 铝板	δ1.2LF21M、175 mm×175 mm	块	1		
	细砂布	400 目	张	1		
劳保用品	肥皂	通用	块	1		
	耳塞	通用	副	1		
	棉线手套	通用	副	1		

工作准备
（1）到工具库房领取工具； （2）检查工具情况，外表完好无损，功能正常；计量工具在有效期内； （3）领取耗材，耗材应符合标准； （4）办理好领取手续

操作步骤
（1）准备工作。 ※注意：板料表面应平整无划痕，若出现较深划痕，应更换板料；板料尺寸应符合制作要求。 ※警告：采用手工剪切时，请戴好护目镜和棉线手套。 ※警告：修锉时，要戴好护目镜。 1）检查板料尺寸。 2）检查板料表面质量。 3）利用样板在板料画出外形界线。 4）剪圆材料：用直口剪剪出外形材料。 5）将材料周边毛刺除去（锉修），保证周边光滑无痕 （2）有模具拔缘操作。 1）将板料放置于凸模上，将其边缘距离相等。 2）将板料中心放置于凸模上，沿凸模上周边敲出轮廓 ※注意：锤击时，锤击力不宜太大，锤击力度均匀，边缘高度为 2 mm 就可停止敲击，过高的边缘容易产生裂纹。 3）沿模具圆弧头方向一圈一圈用木榔头敲击（敲击点应在托空部位，每次敲击量不应过大），当板料与铁棒端头贴合后才能继续向后敲击。 4）沿模具圆弧方向一圈一圈地敲击，且必须在前一圈与模具圆弧贴合后才能继续下一圈的敲击，直到板料边缘处，再将翻边形成的鼓包收平。 ※注意：锤击时，锤击力不宜太大，锤击力度均匀，锤击点距离均匀，确保加工表面过渡圆滑。 5）采用放边内拔缘的方法加工加强孔，将板料中心放置于凸模上，沿凸模上周边敲出轮廓。 ※注意：锤击时，锤击力不宜太大，锤击力度均匀，边缘高度为 2 mm 就可停止敲击，过高的边缘容易产生裂纹。 6）利用模具对两个加强孔画线，使用划规找出中心点，计算翻边尺寸，进行画线；采用钻排孔或开孔钻加工加强孔，清除孔口毛刺，使用砂纸对边缘进行抛光处理。 7）将板料周边放置在凹模上，利用胎膜内孔边缘将板料周边翻边，高度约为 8 mm，角度约为 120°。 8）沿胎模深度方向一圈一圈地敲击，且必须在前一圈与凹模贴合后才能继续下一圈的敲击，直到板料边缘处，防止放边时零件边缘产生裂纹

（3）整形。 　1）将工件放入机翼前缘凸模上，沿工件底部向上用木榔头一圈一圈地敲击工件表面直至贴合，对于收缩过量区域采用铝榔头放边修整。 　2）修整底面，不能有空鼓现象，若不能完全放入铁砧，应从过小部位用铝榔头放边，逐步放大避免展开过量 （4）检验尺寸及外形。 　1）利用游标卡尺测量工件开口直径。 　2）工件表面应无明显锤痕，否则将工件贴紧铁砧，用木榔头修整表面直至锤痕消失。 　3）利用高度尺测量工件高度，并画出 15 mm 高度线；加强孔边缘高度8 mm。 　4）利用直 / 弯口剪剪切余量，用砂布将剪切部位打磨光滑		
结束工作		
（1）清点工具和设备，数量足够。 （2）清扫现场。 （3）归还工具，耗材。 （4）在工具室归还登记簿上做好归还记录		
———————————— 工卡结束 ————————————		

6.6.2　实施过程

1. 识读工卡

识读工卡，确认工卡内容与工作内容是否一致。

2. 检查材料规格、表面质量

检查材料规格、外形尺寸是否符合要求及表面是否有损坏。

3. 依据图纸尺寸画线

（1）找出画线基准；

（2）依据图纸尺寸完成画线（图 6-72）。

4. 检查画线尺寸，符合图纸要求

（1）仔细核对所画的线条是否一致；

（2）线条清晰。

5. 使用直口剪去除余量并砂光

（1）使用直口剪时注意连接处无毛刺（图 6-73）；

（2）需戴护目镜；

（3）剪切完成后，使用台虎钳（软钳口保护零件表面不被夹伤）夹持零件，使用锉刀去除圆弧表面毛刺。

6. 有模具拔缘操作

（1）将板料放置于凸模上，将其边缘距离相等。

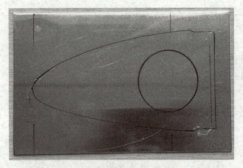

图 6-72　画线

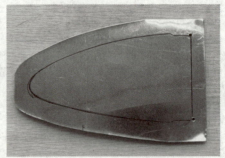

图 6-73　去除多余边角并钻止裂孔

（2）将板料中心放置于凸模上，沿凸模上周边敲出轮廓（图 6-74）。

※ 注意：锤击时，锤击力不宜太大，锤击力度均匀，边缘高度为 2 mm 就可停止敲击，过高的边缘容易产生裂纹。

（3）沿模具圆弧头方向一圈一圈地用木榔头敲击（敲击点应在托空部位，每次敲击量不应过大），当板料与模具端头贴合后才能继续向后敲击（图 6-75）。

图 6-74　敲出外形轮廓

图 6-75　利用木尖对圆弧处进行拔缘操作

（4）沿模具圆弧方向一圈一圈地敲击，且必须在前一圈与模具圆弧贴合后才能继续下一圈的敲击，直到板料边缘处，再将翻边形成的鼓包收平（图 6-76）。

（5）当搂边达到百分之九十左右时，使用标准胎模进行合模修整（图 6-77）。

图 6-76　*R* 圆弧处搂边

图 6-77　整体合模

（6）使用木榔头对翼肋下陷位置加工，可以使用木尖对 *R*3 内圆弧处加工，要控制敲击力度，防止产生裂纹（图 6-78）。

※ 注意：锤击时，锤击力不宜太大，锤击力度均匀，锤击点距离均匀，确保加工表面过渡圆滑。

（7）利用模具对两个加强孔画线，使用划规找出中心点（图6-79、图6-80），计算翻边尺寸，进行画线；采用钻排孔（图6-81）或使用开孔器去除加强孔多余材料，使用圆锉或半圆锉清除孔口毛刺，使用砂纸对边缘进行抛光处理。

图 6-78   使用木尖对 *R*3 内圆弧加工

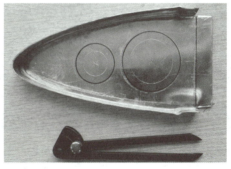

图 6-79   利用模具画线   图 6-80   使用划规找中心画尺寸界线

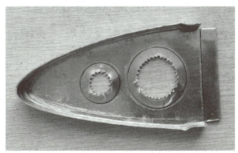

图 6-81   钻排孔去除多余材料

（8）采用放边内拔缘的方法加工加强孔，将板料中心放置于凸模上，沿凸模上周边敲出轮廓。

（9）将板料周边放置在凹模上，利用凹模边缘将板料加强孔翻边，高度约为 8 mm，角度约为 120°；沿凹模深度方向一圈一圈地敲击，且必须在前一圈与凹模贴合后才能继续下一圈的敲击，直到板料边缘处，防止放边时零件边缘产生裂纹（图6-82）。

图 6-82　加强孔弯边加工

7. 折弯

（1）对机翼翼肋直角边进行弯边操作，使用木榔头或橡胶板敲击，直至合模，禁止锤击力度过大。

（2）利用角尺对折弯角度进行检查（图 6-83）。

图 6-83　角度尺检查折边角度

8. 检验尺寸及外形

（1）利用游标卡尺测量工件开口直径；

（2）工件表面应无明显锤痕，否则将工件贴紧铁砧，用木榔头修整表面直至锤痕消失；

（3）利用高度尺测量工件高度，并画出 50 mm 高度线；

（4）利用直口剪剪切余量，用砂布将剪切部位打磨光滑。

9. 高度尺测量高度，剪切余量

（1）使用高度游标卡尺按图纸尺寸画线（图 6-84）。

（2）使用直 / 弯口剪对余量进行剪切（图 6-85）。

10. 锉除余量并砂光

（1）使用细平锉刀对外圆弧进行修锉；

（2）使用圆弧锉刀对内圆弧进行修锉；

（3）使用砂布锉削毛刺，进行打磨、去除。

图 6-84 高度游标卡尺画线

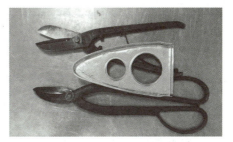

图 6-85 使用直 / 弯口剪对余量剪切

11. 自检

（1）按图纸要求检查零件尺寸；

（2）在工件合适处写上姓名、学号；

（3）上交工件。

12. 6S 管理

（1）清点工具和设备，数量足够；

（2）清扫现场；

（3）在工具交接单上签字。

6.7 考核与评价

（1）实训操作考核见表 6-8。

（2）职业素养考核见表 6-9。

表 6-8　实训操作评估单

实操题名			腰形拔缘件制作			
实训评估单号			460601-PGD-06-R1			
配套实训工卡号			460601-GK-06-R1			
姓名			班级		学生学号	
工作步骤			评分要素			
			基本技能		职业素养	
准备（15分）	1	工具 / 设备 / 材料等准备：（1）工具借用准备；（2）按工具清单清点工具 / 设备 / 材料；（3）量具有效性检查	（1）工具准备不到位，扣2分；（2）工具未清点，扣2分；（3）量具未检查有效性，扣2分	扣分值： 理由：	（1）工具摆放不规范，扣2分；（2）未按工具清单清点工具，扣2分；（3）安全防护用品佩戴或使用不规范，扣3分；	扣分值： 理由：

173

工作步骤			评分要素				
			基本技能			职业素养	
准备（15分）	2	安全准备： （1）个人安全防护用品已佩戴； （2）设备安全使用注意事项已阅读； （3）与相关人员的安全沟通已执行				（4）有损伤工具设备的行为，扣2分	
操作过程规范（30分）	3	（1）准备工具材料； （2）检查材料规格、表面质量、确定板材纹路方向； （3）依据图纸尺寸，计算材料展开尺寸； （4）检查画线尺寸，符合要求； （5）用直口剪去除余量并砂光； （6）夹持板料； （7）敲制大曲面； （8）敲制小曲面； （9）锤放结合处； （10）修整侧面； （11）高度尺测量高度，剪切余量并砂光	（1）未识读工卡，扣2分； （2）未进行板料质量检查，扣2分； （3）不按基准画线，扣2分； （4）未进行尺寸检查，扣2分； （5）直口剪使用方法不正确，扣2分； （6）弯口剪使用方法不正确，扣2分； （7）零件校正方法不正确，扣2分； （8）操作失误导致板料报废的，可申请补发材料，每次扣分10分	扣分值： 理由：	（1）操作过程中工量具随意摆放、不爱惜工量具，扣2分/次，最多扣6分； （2）工具使用不当、设备不按操作规程使用，扣2分/次，最多扣6分； （3）耗材随意乱扔，扣2分； （4）出现明显失误造成工具设备损坏，终止操作； （5）出现安全事故，终止操作	扣分值： 理由：
作品（40分）	4	（1）外形尺寸检查； （2）零件表面质量检查	（1）尺寸20 mm±0.5 mm，每超差0.5 mm扣1分，最多扣5分； （2）零件未去毛刺，每处扣1分，最多扣5分； （3）零件与模具未贴合，每处扣1分，最多扣5分； （4）零件出现裂纹，扣10分； （5）零件表面划伤、磕伤、压痕等机械损伤，每处扣1分，最多扣5分； （6）零件表面出现明显锤痕，每处扣1分，最多扣10分；	扣分值： 理由：	N/A	N/A

工作步骤			评分要素			
			基本技能		职业素养	
作品（40 分）	4		（7）零件与图纸尺寸要求严重不符或零件质量严重不符合要求，该大项不计分			
收尾（15 分）	5	工作收尾： （1）工件署名，上交。 （2）按工具清单清点工具。 （3）清洁工作区域。 （4）归还工具、耗材。 （5）签署工卡	（1）工具未清点，扣 2 分； （2）未按工具清单清点工具，扣 2 分； （3）未归还工具、耗材，扣 2 分； （4）工卡签署不规范，扣 1 分 / 处，最多扣 3 分	扣分值： 理由：	（1）工具未整理，扣 2 分； （2）工作区域未清洁，扣 2 分； （3）工件未署名，扣 2 分	扣分值： 理由：
标准工时 / min	240	实际工时	（1）未在标准工时内完成，扣 2~10 分； （2）每超 5 min 扣 2 分，最多扣 10 分，不足 5 min 按 5 min 计算	扣分值： 理由：		
考生分数		是否通过	是□ 否□		评估员签字： 年 月 日	

表 6-9　职业素养考核评价标准

考核项目		考核内容	配分	扣分	得分
加工前准备	纪律	服从安排；场地清扫等；违反一项扣 1 分	2		
	安全生产	安全着装；按规程操作等；违反一项扣 1 分	2		
	职业规范	机床预热、按照标准进行设备点检；违反一项扣 1 分	4		

考核项目		考核内容	配分	扣分	得分
加工操作过程	文明生产	每打一次刀扣 2 分	4		
		工具、量具、刀具定制摆放、工作台面整洁等；违反一项扣 1 分	4		
	违规操作	用砂布、锉刀修饰；锐边没倒钝，或倒钝尺寸太大等没按规定的操作行为；扣 1~2 分	2		
6S 管理	清洁、清扫	清理机床内部的铁屑，确保机床表面各位置的整洁，清扫机床周围的卫生，做好设备的保养；违反一项扣 1 分	4		
	整理、整顿	工具、量具的整理与定制管理；违反一项扣 1 分	4		
	素养	严格执行设备的日常点检工作；违反一项扣 1 分	4		
出现严重违反设备操作规程或工伤事故		出现严重违反设备操作规程或工伤事故，整个测评成绩记 0 分			
合计			30		

6.8 总结与提高

6.8.1 项目实施情况分析

项目完成后，学员根据项目实施情况，分析存在的问题及原因，并填写表 6-10。指导教师对项目实施情况进行讲评。

表 6-10 操作基础项目实施情况分析表

项目实施过程	存在的问题	解决的办法
项目操作		
安全文明生产		

6.8.2 总结

1. 组内自评

（1）将完成的作品拍照上传至资源库平台，并标注存在的问题。

（2）组内成员对小组内作品评分并提出自己的见解，组长对本组操作情况进行总结。

2. 教师点评

（1）教师依照评估单对学生作品打分，同时可以作为学生的一次实操成绩。

（2）教师点评学生完成质量，指出共性问题，促进学生及时改正，提高学生的操作技能。

3. 延伸学习

学习使用模具成型的相关资料。

4. 课后作业

（1）什么叫拔缘？拔缘有几种？（初级工）

（2）简述拔缘的操作方法及要点？（中级工）

（3）拔缘常见的质量故障、故障原因及排除方法有哪些？（高级工）

1.1　飞机钣金工技能要求

1.1.1　职业名称

飞机钣金工。

1.1.2　职业编码

×-××-××-××

1.1.3　职业定义

使用手工工具、模具或钣金设备，将板料、挤压型材敲制或压（滚）、拉、弯、收料、放料形成一定形状和尺寸飞机钣金零件的人员。

1.1.4　职业技能等级

本职业共设五个等级，由低到高分为五级 / 初级工、四级 / 中级工、三级 / 高级工、二级 / 技师、一级 / 高级技师。

1.1.5　职业环境条件

室内、常温、噪声（≤ 85 dB）。

1.1.6　职业能力特征

具有一定的学习、理解和表达能力；具有较强的计算能力和一定的空间感、形体知觉及色觉；手指、手臂灵活，动作协调。

1.1.7　普通受教育程度

高等职业技术学院毕业。

1.1.8　职业技能鉴定要求

1. 申报条件

——具备下列条件之一者，可申报初级工鉴定：

（1）学徒期满的学徒工。

（2）从事本职业（工种）工作 2 年以上。

（3）初级工转岗或从事相关职业（工种），接受上岗培训。

——具备下列条件之一者，可申报中级工鉴定：

（1）取得本职业（工种）初级工证书后，在本职业（工种）工作 3 年以上。

（2）各类中等职业技术学校相同或相近专业毕业生。

（3）大、中专相同或相近专业毕业生，见习期满。

（4）连续从事本职业（工种）工作 6 年以上，或者工作年限 8 年以上且在本职业（工种）工作 5 年以上。

（5）已取得原职业（工种）中级工证书，现转岗到其他职业（工种），并且从事职业（工种）工作 3 年以上。

——具备下列条件之一者，可申报高级工鉴定：

（1）取得本职业（工种）中级工证书后，在本职业（工种）工作 5 年以上。

（2）高级技工学校或高级技工班、高等职业技术学院相同或相近专业毕业生。

（3）大、中专相同或相近专业毕业生取得本职业（工种）中级工职业资格证书后，连续在本职业（工种）工作 3 年以上。

（4）连续在本职业（工种）工作 10 年以上。

——具备下列条件之一者，可申报技师资格鉴定：

（1）取得本职业（工种）高级工证书后，连续在本职业（工种）工作 3 年以上。

（2）取得本职业（工种）高级工证书 2 年以上，并且有相关职业（工种）中级工证书。

（3）高级技工学校、高级技工班、高等职业技术学院毕业或取得相近专业大专以上学历，并具有本职业（工种）高级工证书后，在本职业（工种）工作 2 年以上。

——具备下列条件之一者，可申报高级技师资格鉴定：

（1）取得本职业（工种）技师证书后，连续在本职业（工种）工作 3 年以上。

（2）取得本职业（工种）技师证书 2 年以上，并且有相关职业（工种）高级工证书。

（3）取得本职业（工种）技师证书，并取得相近专业本科以上学历，在本职业（工种）工作 2 年以上。

2. 鉴定方式

理论知识考试、技能考核及综合评审的方法和形式如下。

理论知识考试以笔试、机考等方式为主，主要考核从业人员从事本职业应掌握的基本要求和相关知识要求；技能考核主要采用现场操作、模拟操作等方式进行，主要考核从业人员从事本职业应具备的技能水平；综合评审主要针对技师和高级技师，包括综合能力考核（质量、工时、绩效、协作能力、保密、安全等）和技术水平考评（技术改造、技术革新、技术攻关申报材料评审和答辩），各占 50%。

理论知识考试、技能考核和综合评审均实行百分制，成绩皆达 60 分（含）以上者为合格。职业标准中标注"★"的为涉及安全生产或操作的关键技能，如考生在技能考核中违反操作规程或未达到该技能要求的，则技能考核成绩为不合格。

3. 监考人员、考评人员与考生配比

理论知识考试考评人员与考生配比为 1 ∶ 15，每个标准教室不少于 2 名考评人员；技能操作考核考评员与考生配比为 1 ∶ 5，且不少于 3 名考评员；综合评审委员不少于 5 人。

4. 鉴定时间

理论知识考试 120 分钟，操作技能考核原则上不低于：初级工 180 分钟、中级工 240 分钟、高级工 300 分钟、技师 300 分钟、高级技师 300 分钟，技师和高级技师综合评审 45 分钟。

5. 鉴定场所设备

理论知识考试在标准教室进行：操作技能考核在具备必要的工量具（榔头、剪刀、锉刀、橡皮打板、卡尺、钢板尺、圆规、角度尺等）、工作台、设备（异形曲面成型机、滚床等）、模具、夹具和其他设施，以及通风条件、安全措施完善的场所进行。

1.2 基本要求

1.2.1 职业道德

1.2.1.1 职业道德基本知识

（1）忠于职守，乐于奉献；

（2）实事求是，不弄虚作假；

（3）依法行事，严守秘密；

（4）公正透明，服务社会。

1.2.1.2 职业守则

（1）遵守法律、法规和有关规定。

（2）爱岗敬业，具有高度的责任心。

（3）严格执行工作程序、工作规范、工艺文件和安全操作规程。

（4）工作认真负责，团结协作。

（5）爱护设备及工具、夹具、刀具、量具。

（6）着装整洁，文明生产。

（7）遵守清洁生产规范，爱护环境，有害、有毒物质按规定处理。

1.2.2 基础知识

1.2.2.1 基础理论知识

（1）机械制图。

（2）公差与配合。

（3）金属材料及热处理。

（4）机械基础。

（5）电子电工基础。

1.2.2.2　安全文明生产与环境保护知识

（1）现场文明生产要求。

（2）安全操作与劳动保护知识。

（3）环境保护知识。

（4）清洁生产知识。

1.2.2.3　质量管理知识

（1）企业的质量方针。

（2）岗位的质量要求。

（3）岗位的质量保证措施与责任。

1.2.2.4　相关法律、法规知识

（1）《中华人民共和国劳动法》相关知识。

（2）《中华人民共和国劳动合同法》相关知识。

（3）《中华人民共和国消防法》相关知识。

（4）《中华人民共和国安全生产法》相关知识。

（5）《中华人民共和国职业病防治法》相关知识。

（6）《中华人民共和国环境保护法》相关知识。

（7）《危险化学品安全管理条例》相关知识。

（8）《生产安全事故应急预案管理办法》相关知识。

1.3　五级/初级工

1.3.1　技能要求

五级/初级工的技能要求见附表 1-1。

附表 1-1　五级/初级工的技能要求

职业功能	工作内容	技能要求	相关知识要求
1. 备料	（1）识图与绘图	1）具有读懂平板、单角板弯角材、直线挤压型材、单曲度带板等零件图样和三维数模的能力。 2）熟练绘制平板、单角板弯角材、直线挤压型材等零件图样	①掌握平板、单角板弯角材、直线挤压型材等零件的规定画法与读图知识。 ②熟练使用三维绘图软件识别数模标注信息和要求。 ③航标尺寸公差知识。 ④检验样板的基本标记

181

职业功能	工作内容	技能要求	相关知识要求
1. 备料	（2）画线与放样	1）具有按照图样、样板完成画线的能力。 2）具有计算单角板弯角材类零件的展开尺寸的能力	①掌握按图样画线的方法与步骤。 ②掌握按样板画线的方法与步骤。 ③掌握画线工具的使用方法。 ④掌握放样的基本原理与方法。 ⑤掌握弯曲件展开长度的计算方法
	（3）制展开料	1）具有使用直口剪、弯口剪等要点工具手工切割原材料的能力。 2）具有使用台剪、风动剪等工具切割原材料的能力。 3）具有使用手工工具完成去毛刺工作的能力。 4）具有使用风动工具钻孔的能力	①剪切原理与工艺。 ②手工剪切工具的使用方法。 ③使用手工工具完成去毛刺和使用方法。 ④零件边缘状态要求与规定。 ⑤常用国内铝合金、钛合金和钢板牌号、状态、规格。 ⑥手工钻孔的操作方法和操作规程
2. 成型	（1）手工成型	1）具有识别加工平板、单角板弯角材、直线挤压型材、单曲度带板零件需要使用的手工工具的能力。 2）具有使用手工工具进行平板、单角板弯角材、直线挤压型材、单曲度带板零件成型的能力	①常用手工工具的用途和使用方法。 ②手工弯曲操作方法及要点。 ③手工收边操作方法及要点。 ④手工放边操作方法及要点
	（2）机械成型	1）具有使用橡皮液压机成型单角板弯角材零件的能力。 2）具有使用三轴滚床成型单角板弯角材零件的能力。 3）具有使用异形曲面成型平板、单角板弯角材、直线挤压型材零件的能力	①橡皮液压机成型原理。 ②三轴滚床成型原理与使用。 ③收边、放边原理。 ④异形曲面成型机成型原理、使用方法和极限参数
3. 校形	（1）手工校形	1）具有使用手工工具对淬火后的平板零件（2A12、TH1.0、300X300）校形的能力。 2）具有使用手工工具进行单角板弯角材、直线挤压型材零件校形的能力	①手工校形的基本原理与方法。 ②平板零件的主要故障与消除方法。 ③单角板弯角材的主要故障与消除方法。 ④直线挤压型材的主要故障与消除方法
	（2）机械校形	1）具有使用校平机对平板零件校形的能力。 2）具有使用橡皮液压机对单角板弯角材、直线挤压型材零件校形的能力。 3）具有使用异形曲面成型机对单角板弯角材、直线挤压型材零件校形的能力	①校平机工作原理、加工范围和使用方法。 ②使用橡皮液压机校形的注意事项。 ③异形曲面成型机校形原理、适用范围和操作方法
4. 质量检验	（1）开工前检查	1）检查图纸的版次与工艺文件上的版次、批架次是否一致。 2）零件图号、工装号、材料牌号、规格、状态、工艺余量、表面处理是否一致。 3）工装外观、线迹、标记是否完好。 4）零件数量是否一致。 5）工装和工艺文件是否贯彻设计更改	①工艺文件应知应会知识。 ②常用材料的牌号、规格、状态及检查方法。 ③模具使用、定检、保管和完好性检查方法。 ④样板使用、定检、保管和完好性检查方法。 ⑤设计更改贯彻实施文件要求。 ⑥表面质量文件要求

职业功能	工作内容	技能要求	相关知识要求
4. 质量检验	（2）外形尺寸、表面质量检验	1）具有使用量具检测零件长度、宽度、角度、R角、孔径尺寸的能力。 2）依据公差文件，具有正确查找长度、宽度、角度、R角、孔径尺寸公差的能力。 3）具有使用量具检测材料厚度的能力。 4）具有按照质量文件要求开展首件三检工作的能力。 5）具有识别零件表面是否存在划伤、擦伤、擦痕的能力。 6）具有妥善使用和保管工艺文件的能力	①卡尺、千分尺、卷尺、角度尺、R规、钢板尺等量具的使用方法和定检要求。 ②航标公差文件的使用方法。 ③国内铝合金材料厚度公差要求。 ④长度、宽度、角度、R角、孔径尺寸的检测方法。 ⑤首件三检的目的和实施要求。 ⑥样板的使用方法和要求。 ⑦表面质量要求和判别方法

1.3.2 权重表

1.3.2.1 理论知识权重表

理论知识权重表见附表1-2。

附表1-2 理论知识权重表

项目	技能等级	五级／初级工／%
基本要求（40分）	职业道德	5
	基础知识	35
	四新知识	—
相关知识要求（60分）	备料	20
	成型	20
	校形	15
	质量检验	5
	新技术应用	—
	培训指导	—
	管理	—
合计		100

1.3.2.2 技能要求权重表

技能要求权重表见附表1-3。

附表1-3 技能要求权重表

项目	技能等级		五级 / 初级工 /%
技能要求（100分）	备料		30
	成型		35
	校形		25
	质量检验		10
	新技术应用		—
	培训指导		—
	管理		—
合计			100

1.4　四级 / 中级工

1.4.1　技能要求

四级 / 中级工技能要求见附表1-4。

附表1-4　四级 / 中级工技能要求

职业功能	工作内容	技能要求	相关知识要求
1. 备料	（1）读图与绘图	1）能读懂单曲度蒙皮、长细框、梁、肋、腹板等零件图样和三维数模。 2）能测绘筒形、环形、长细类零件	①单曲度蒙皮、长细框、梁、肋、腹板等零件的读图知识。 ②单曲度筒形、环形、长细等零件的规定画法。 ③三维绘图软件常用操作与线性尺寸测量知识。 ④航标形位公差知识。 ⑤展开样板、外形样板、切面样板、样件的识别与使用
	（2）画线与放样	1）能按照展开样板画线并制出单曲度蒙皮、长细框、梁肋、腹板等零件的展开料。 2）能计算出多弯边弯曲、筒形、环形等零件的展开料长。 3）能计算出型材拉弯毛料尺寸	①提高画线精度的方法。 ②合理排样的方法。 ③多弯边弯曲零件展开长度计算方法。 ④筒形零件展开长度的计算方法。 ⑤环形零件展开长度的计算方法。 ⑥型材拉弯毛料尺寸计算方法

184

职业功能	工作内容	技能要求	相关知识要求
1. 备料	（3）制展开料	1）能使用砂轮切割机、振动剪、带锯等常规设备切割原材料。 2）能使用台钻钻孔件边缘。 3）能使用修锉工具修锉零件	①剪切质量要求及常见故障、解决方法。 ②砂轮切割机、振动剪、带锯等常规设备工作原理、使用方法和适用范围。 ③修锉工具的使用方法及要点。 ④常用国外铝合金、铁合金和钢板牌号、状态、规格。 ⑤铝合金边缘状态缺陷和修复方法。 ⑥台钻的工作原理和使用方法。 ⑦台钻钻孔的操作方法和操作规程
2. 成型	（1）手工成型	1）能使用手工工具完成无模具拔缘（2A120、TH1.2 mm、S形、弧度 $R100$ mm、转角 $R3$ mm、弯边高度 10 mm）。 2）能使用手工工具完成梯形旋转体（3A210、TH1.2 mm、梯形顶部 $\phi100$ mm、梯形底部 $\phi120$ mm 型梯形高度 80 mm、$R20$）零件拱曲成 3）能使用手工工具完成弧形角材（2A120、TH1.0、弧度 $R200$ mm、角度 120°、转角 $R3$ mm、弯边高度 30 mm、角度 90°）成形。 4）能使用手工工具完成无模具下陷加工。 5）能使用手工工具完成零件翻边孔加工。 6）能判定原材料纤维方向	①有模具拔缘的成型原理和模作方法。 ②无模具拔缘的成型原理和操作方法。 ③手工拱曲的成型原理和操作方法。 ④下陷的成型原理和操作方法。 ⑤翻边孔的成型原理和操作方法。 ⑥收边、放边的方法及要点。 ⑦原材料纤维方向的判别方法和用途。 ⑧国产航空材料的最小折弯半径规定。 ⑨热处理完全退火、中间退火淬火、回火知识
	（2）机械成型	1）能使用橡皮液压机完成单面弯边、同向双弯边等零件成型。 2）能使用橡皮液压机完成带翻边孔、加强窝、加强槽等零件成型。 3）能使用异形曲面成型机完成单面弯边、同向双弯边等零件成型。 4）能使用型材滚弯机或绕弯机完成半圆形零件（2A120、XC111-4、$R380$ mm）成型。 5）能使用型材拉弯机完成 L 形型材、T 形型材、Z 形型材等零件单曲拉弯成型	①橡皮成型液压机的工作原理和适用范围。 ②橡皮成型工艺的优势。 ③单面弯边、同向双弯边变形特点。 ④直线弯边成型极限和影响因素。 ⑤典型的橡皮成型零件结构。 ⑥典型的橡皮成型模具结构。 ⑦橡皮成型中的注意事项。 ⑧滚弯原理、特点、操作方法和要点。 ⑨滚模的典型结构。 ⑩绕弯原理、特点、操作方法和要点。 ⑪拉弯成型原理、过程和特点。 ⑫拉弯设备分类、结构和工作原理。 ⑬拉弯操作步骤及要点。 ⑭一次拉弯相对弯曲半径极限值

职业功能	工作内容	技能要求	相关知识要求
3. 校形	（1）手工校形	1）能使用手工工具对淬火后的平板零件（2A12、THO.8、500 mm×500 mm）校形。 2）能使用手工工具完成单面弯边、同向双弯边等零件校形。 3）能使用手工工具完成带翻边孔、加强窝、加强槽、下陷等零件校形	①平板零件消除鼓动、周边松动的方法。 ②消除平孔周边松动的方法。 ③消除翻边孔周"发紧"的方法。 ④消除直板条扭曲、弯曲、不平的方法。 ⑤消除单弯边零件扭曲、反凹外凸、不平和角度不对的方法。
	（2）机械校形	1）能使用校平机对平板零件校形。 2）能使用橡皮液压机对单角板弯角材、直线挤压型材零件校形。 3）能使用异形曲面成型机对单角板弯角材、直线挤压型材零件校形	①校平机工作原理、加工范围和使用方法。 ②使用橡皮液压机校形的注意事项。 ③异形曲面成型机校形原理、适用范围和操作方法
4. 质量检验	（1）开工前检查	1）检查图纸的版次与工艺文件上的版次、批架次是否一致。 2）零件图号、工装号、材料牌号、规格、状态、工艺余量、表面处理是否一致。 3）工装外观、线迹、标记是否完好。 4）零件数量是否一致。 5）工装和工艺文件是否贯彻设计更改	①工艺文件应知应会知识。 ②常用材料的牌号、规格、状态及检查方法。 ③模具使用、定检、保管和完好性检查方法。 ④样板使用、定检、保管和完好性检查方法。 ⑤设计更改贯彻实施文件要求。 ⑥表面质量文件要求
	（2）外形尺寸、表面质量检验	1）能使用平台、塞尺检测零件直线度、平面度。 2）能使用样板检测零件外形尺寸。 3）能使用模具检测零件外形、贴模度。 4）能按照质量文件要求开展首件检验。 5）能按照工程文件要求开展首件鉴定。 6）能识别零件表面是否存在橘皮	①高度画线尺、平台、塞尺等量具的使用方法和定检要求。 ②模具定检和使用要求。 ③工装证明文件和使用记录填写要求。 ④样板定检和使用要求。 ⑤直线度、平面度的检测方法。 ⑥首件检验文件要求。 ⑦首件鉴定文件要求。 ⑧表面质量要求和判别方法

1.4.2 权重表

1.4.2.1 理论知识权重表

理论知识权重表见附表1-5。

附表1-5 理论知识权重表

项目	技能等级	四级 / 中级工 /%
基本要求（40分）	职业道德	5
	基础知识	35
	四新知识	—
相关知识要求（60分）	备料	15
	成型	20
	校形	20
	质量检验	5
	新技术应用	—
	培训指导	—
	管理	—
合计		100

1.4.2.2 技能要求权重表

技能要求权重表见附表1-6。

附表1-6 技能要求权重表

项目	技能等级	四级 / 中级工 /%
技能要求	备料	25
	成型	40
	校形	25
	质量检验	10
	新技术应用	—
	培训指导	—
	管理	—
合计		100

1.5 三级／高级工

1.5.1 技能要求

三级／高级工技能要求见附表 1-7。

附表 1-7　三级／高级工技能要求

职业功能	工作内容	技能要求	相关知识要求
1. 备料	（1）读图与绘图	1）能读懂双曲度蒙皮、整流罩、凸凹曲线弯边等零件图样和三维数模。 2）能读懂两种钣金零件组合的装配图，能绘制对应的钣金零件图样	①双曲度蒙皮、整流罩、凸凹曲线弯边等零件图样读图方法与测量方法。 ②装配图的读图方法。 ③装配图拆绘零件图样的方法
	（2）画线与放样	1）能作出方圆接管、三通管相贯零件的展开图。 2）能计算出蒙皮拉形毛料尺寸。 3）能作出不可展零件的近似展开图	①画线时加工余量的确定方法。 ②相贯线求作及表面展开方法。 ③蒙皮件拉形毛料计算方法。 ④不可展表面的近似展开方法
	（3）制展开料	1）能识别不同类型边缘状态缺陷，并能修复。 2）能对近似展开料进一步优化，减少余量	①剪床剪切能力转换方法。 ②剪切质量分析及剪床调整方法。 ③剪切常见故障与排除方法。 ④国内板材与国外板材材料性能的差异。 ⑤激光下料、线切割下料、铣切下料边缘状态常见问题与修复要求。 ⑥钢板、钛合金边缘状态缺陷和修复方法。 ⑦近似展开料优化方法
2. 成型	（1）手工成型	1）能使用手工工具完成弧形 U 形角材（2A120、TH1.0 mm、弧度 $R200$ mm，角度 120°、转角 $R3$、弯边高度 25 mm、角度 90°、U 形底边 60 mm）成型。 2）能使用手工工具完成无模具拔缘（2A120、TH1.2 mm、半环形、弧度 $R120$ mm 和 $R180$ mm、截面 U 形转角 $R3$、弯边高度 20 mm）。 3）能使用手工工具完成样形旋转体（3A21M、T1.2 mm、梯形顶部 $\phi100$ mm、梯形底部 $\phi120$ mm、梯形高度 100 mm、$R20$ mm）.零件拱曲成型。 4）能够使用手工工具完成水桶形（6A020、TH1.0 mm、筒形 $\phi160$ mm、上沿 $\phi4$ mm、空心、立缝 8 mm、底缝 7 mm）零件卷边和咬缝成型	①常用卷边工具的选择与使用方法。 ②卷边操作方法及要点。 ③卷边展开长度计算方法。 ④常用咬缝工具的选择与使用方法。 ⑤咬缝形式、操作方法及要点。 ⑥咬缝余量层数与余量分配关系。 ⑦手工成型质量分析方法及常见缺陷的防止方法。 ⑧拱曲零件质量控制和分析。 ⑨冷作硬化的预防与消除方法。 ⑩国外航空材料的最小折弯径规定

职业功能	工作内容	技能要求	相关知识要求
2. 成型	（2）机械成型	1）能使用橡皮液压机成型反向双弯边、带加强弯边的反向双弯边等零件。 2）能使用型材滚弯机或绕弯机完成圆形零件（2A120、XC111-4、ϕ720 mm、对接缝尺寸2 mm）成型。 3）能使用型材拉弯机完成L形型材、T形型材、乙字形型材等变角度零件拉弯成型。 4）能使用滚床完成圆锥形蒙皮零件（高度1 000~1 500 mm、序列号0.61.5）滚弯成型。 5）能使用滚床和闸压床成型前缘类零件。 6）在新淬火状态下，能完成蒙皮类零件（500~1 000 mm、序列号0.81.2）单模一次拉形工作。 7）能在新淬火状态下完成零件（2A12、TH0.8、带有翻边孔和加强筋的平面腹板、700 mm×700 mm）成型。 8）能使用充液成型机完成等径管成型	①凸曲线弯边成型极限和影响因素，以及消除皱褶措施。 ②凹曲线弯边成型极限和影响因素，以及防止撕裂的措施。 ③橡皮成型常见质量故障、原因分析和排除方法。 ④板材压弯、滚弯、绕弯、拉弯的原理与工艺。 ⑤挤压型材压弯、滚弯、绕弯、拉弯的原理与工艺。 ⑥滚弯、绕弯的常见故障内容、产生原因和排除方法。 ⑦二次拉弯相对弯曲半径极限值。 ⑧压弯、滚弯、拉弯成型常见的故障及消除方法。 ⑨蒙皮类零件拉形、滚弯工艺方法。 ⑩常用蒙皮滚弯设备工作原理和加工范围。 ⑪蒙皮滚弯的方式方法、适用范围和优缺点。 ⑫横向拉形与纵向拉形的成型过程。 ⑬蒙皮拉形设备工作原理和极限成型参数。 ⑭蒙皮拉形的毛料尺寸计算方法。 ⑮拉形模具结构形式。 ⑯新淬火成型原理。 ⑰新淬火成型工艺的适用范围。 ⑱充液成型原理和成型方法。 ⑲充液成型机的结构和操作方法
3. 校形	（1）手工校形	1）能使用手工工具对淬火后的平板零件（2A12、TH0.6 mm、700 mm×700 mm）校形。 2）能使用手工工具对反向双弯边、带加强弯边的反向双弯边等零件校形。 3）能使用手工工具对L形型材、T形型材、乙字形型材等变角度校形。 4）能使用手工工具对蒙皮拉形过程中产生的缺陷进行校形。 5）出冷藏箱的零件，能在规定的时间内完成校形	①消除框板外形弯曲、不平、扭曲和弯边角度不对的方法。 ②消除环状零件翘曲和外缘不对的方法。 ③消除加强件淬火后凹弯边曲率变大、外形扭转、下陷上翘或下垂的方法。 ④框板外形（双弯边腹板类）零件的主要故障与消除方法。 ⑤国内和国外铝合金材料冷藏时间要求。 ⑥出冷藏箱校形时间要求。 ⑦铝合金6A02材料淬火到回火

职业功能	工作内容	技能要求	相关知识要求
3. 校形	（2）机械校形	1）能使用橡皮液压机对反向双弯边、带加强弯边的反向双弯边等零件校形。 2）能使用异形曲面成型机对反向双弯边、带加强弯边的反向双弯边等零件校形。 3）能使用碾光机（滚轮）对蒙皮类零件校形。 4）能使用喷丸机消除弯曲变形	①消除大型框板零件弯边放松扩张、加强窝翻边孔收缩拉紧、平孔周边松弛、长形翻边孔周"发紧"、平面扭曲、凹弯边曲度变大的方法。 ②异形曲面成型机对不同材料的校平参数的调整方法。 ③碾光机（滚轮）校形方法。 ④喷丸校形的原理和方法。 ⑤喷丸校形的典型故障与排除方法
4. 质量检验	（1）开工前检查	1）检查图纸的版次与工艺变形文件上的版次、批架次是否一致。 2）零件图号、工装号、材料牌号、规格、状态、工艺余量是否一致。 3）工装外观、线迹、标记是否完好。 4）零件数量是否一致。 5）工装和工艺文件是否贯彻设计更改	①工艺文件应知应会知识。 ②常用材料的牌号、规格、状况及检查方法。 ③模具使用、定检、保管和完性检查方法。 ④样板使用、定检、保管和完性检查方法。 ⑤设计更改贯彻实施文件要求。 ⑥表面质量文件要求
	（2）外形尺寸、贴模度、表面质量检验	1）能够使用量具、模具、样板对零件外形尺寸、贴模度检测。 2）能按照关键件、重要件的控制要求实施检测。 3）能按文件要求实施加压检测。 4）能识别零件表面是否存在滑移线、波纹。 5）能检测零件表面粗糙度	①检验模具定检、使用方法和要求。 ②样板定检、使用方法和要求。 ③关键件、重要件质量控制要求。 ④蒙皮类零件表面质量要求。 ⑤粗糙度检测仪、厚度检测仪等量具的使用方法和定检要求

1.5.2 权重表

1.5.2.1 理论知识权重表

理论知识权重表见附表 1–8。

附表 1–8 理论知识权重表

项目	技能等级	三级 / 高级工 /%
基本要求（40分）	职业道德	5
	基础知识	35
	四新知识	—
相关知识要求（60分）	备料	10
	成型	20

项目	技能等级	三级 / 高级工 /%
相关知识要求（60分）	校形	25
	质量检验	5
	新技术应用	—
	培训指导	—
	管理	—
合计		100

1.5.2.2　技能要求权重表

技能要求权重表见附表 1-9。

附表 1-9　技能要求权重表

项目	技能等级	四级 / 高级工 /%
技能要求	备料	15
	成型	45
	校形	30
	质量检验	10
	新技术应用	—
	培训指导	—
	管理	—
合计		100

1.6　二级 / 技师

1.6.1　技能要求

二级 / 技师技能要求见附表 1-10。

职业功能	工作内容	技能要求	相关知识要求
1. 备料	（1）读图与绘图	1）能够绘制长细框、梁、肋、腹板等零件加工工艺图纸。 2）能读懂多种钣金零件组合的装配图，能够绘制对应的钣金零件图样	①零件成型难点判别方法。 ②测绘零件方法和要点。 ③装配图的读图方法。 ④装配图拆绘零件图样的方法
	（2）画线与放样	1）能作出偏、斜交相贯零件的展开图。 2）能计算出双曲率蒙皮拉形毛料尺寸	①偏、斜交相贯线求作及表面开展方法。 ②空间夹角的求作和计算方法。 ③双曲率蒙皮拉形毛料计算方法
2. 成型	（1）手工成型	1）能用手工工具完成大型腹板、框、梁等零件成型。 2）能依据铆装、部装需求，完成变曲率角材、支架等零件成型。 3）能对零件成型质量分析，提出改进工艺建议。 4）能依据零件形状特点，提出成型模具的设计方案。 5）能使用手工工具修理蒙皮表面缺陷	①金属材料机械性能与晶形的关系。 ②常用铝合金、钢板和铁合金料的材料性能。 ③常用质量分析工具种类与应用。 ④钣金零件模具设计的基本知识。 ⑤蒙皮表面缺陷分类。 ⑥蒙皮表面缺陷修复工具和使用方法
	（2）机械成型	1）能用橡皮液压机完成大型腹板、框、梁等零件成型。 2）能给出橡皮成型弯曲零件回弹量经验值。 3）能在新淬火状态下完成零件（2A12、TH0.6 mm、带有翻边孔和加强筋的平面腹板、1 000 mm×1 000 mm）成型。 4）能完成单模多次拉形、成组拉形、预成型拉形工作。 5）能使用充液成型机完成变径管成型。 6）能对零件成型提供加工思路，具备一定技术攻关能力。 7）能编制工艺流程和工艺规范	①大型腹板、框、梁等零件成型难点分析、故障预判的方法。 ②橡皮成型、压弯、绕弯、拉弯等主要成型工艺参数确定。 ③弯曲零件成型回弹控制方法。 ④采用新淬火状态成型工艺对零件尺寸的限制。 ⑤单模多次拉形适用范围、操作方法和消除故障的方法。 ⑥成组拉形适用范围、操作方法和消除故障的方法。 ⑦预成型拉形适用范围、操作方法和消除故障的方法。 ⑧拉形施力方向与材料纤维方向的关系。 ⑨拉形成型的影响因素。 ⑩充液成型的缺陷形式。 ⑪充液成型的摩擦与润滑。 ⑫充液模具结构和材料。 ⑬工艺规范编制要求与规范。
3. 校形	（1）手工校形	1）能使用手工工具对淬火后的平板零件（2A12、TH0.6 mm、1 000 mm×1000 mm）校形。 2）能使用手工工具对大型腹板、框、梁等零件校形。 3）能使用手工工具对变形量超差较小的焊接、化铣和机加零件变形进行校形。 4）能够对铆装、部装变形量超差较小的零件校形	①薄板平板零件的故障分析和校形方法。 ②半封闭焊接零件变形的主要故障与消除方法。 ③平板化铣零件变形的主要故障与消除方法。 ④机加角材零件变形的主要故障与消除方法。 ⑤铆装、部装现场作业注意事项

职业功能	工作内容	技能要求	相关知识要求
	（2）机械校形	1）能使用橡皮液压机对大型腹板、框、梁零件校形。 2）能够使用异形曲面成型机、碾光机（滚轮）等常用设备对大型腹板、框、梁等零件校形。 3）能使用喷丸机消除凸起、凹陷变形	①根据不同材料、故障调整异形曲面成型机参数的方法。 ②根据不同材料、故障调整校平机参数的方法。 ③根据不同材料、故障调整喷丸机参数的方法。 ④有效减少手工校形的方法
4.质量检验	（1）开工前检查	1）检查图纸的版次与工艺文件上的版次、批架次是否一致。 2）零件图号、工装号、材料牌号、规格、状态、工艺余量、表面处理是否一致。 3）工装外观、线迹、标记是否完好。 4）零件数量是否一致。 5）工装和工艺文件是否贯彻设计更改	①工艺文件应知应会知识。 ②常用材料的牌号、规格、状况及检查方法。 ③模具使用、定检、保管和完性检查方法。 ④样板使用、定检、保管和完好性检查方法。 ⑤设计更改贯彻实施文件要求。 ⑥表面质量文件要求
	（2）外形尺寸、贴模度、表面质量检验	1）能检测零件的形位尺寸。 2）能对双曲率蒙皮、异形曲面零件实施加压检查	①公差积累的预防方法。 ②基准转换的方法。 ③形位公差的检测方法。 ④双曲率蒙皮、异形曲面零件检查点的分布
5.新技术应用	新技术应用	能学习、应用、推广本职业内新设备、新工艺、新材料、新技术	①国内行业内新设备、新工艺、新材料、新技术的应知应会。 ②国外行业内新设备、新工艺、新材料、新技术的应知应会
6.培训指导	（1）指导操作	能够指导初级工、中级工、高级工实际操作	①培训教学基本方法。 ②培训讲义的编制方法。 ③组织管理学员的方法。 ④技能鉴定知识。 ⑤撰写技术论文知识
	（2）理论培训	能教授本专业的技术、技能理论知识	
7.管理	（1）质量管理	1）能在本职工作中贯彻质量标准。 2）能利用质量管理知识对操作过程进行质量分析与控制	①国标、军标、航标和行业质量标准。 ②质量分析工具的使用。 ③质量分析与控制方法
	（2）专业发展规划	1）能提出专业发展规划建议。 2）能提出工艺布局改进建议	①国内、国际钣金专业发展动态。 ②合理工艺布局的优缺点

1.6.2 权重表

1.6.2.1 理论知识权重表

理论知识权重表见附表 1-11。

附表 1-11　理论知识权重表

项目	技能等级	二级 / 技师 /%
基本要求（40 分）	职业道德	5
	基础知识	20
	四新知识	15
相关知识要求（60 分）	备料	5
	成型	15
	校形	20
	质量检验	5
	新技术应用	5
	培训指导	5
	管理	5
合计		100

1.6.2.2 技能要求权重表

技能要求权重表见附表 1-12。

附表 1-12　技能要求权重表

项目	技能等级	二级 / 技师 /%
技能要求（100 分）	备料	10
	成型	30
	校形	30
	质量检验	10
技能要求	新技术应用	5
	培训指导	10
	管理	5
合计		100

1.7　一级/高级技师

1.7.1　技能要求

一级/高级技师技能要求见附表1-13。

附表1-13　一级/高级技师技能要求

职业功能	工作内容	技能要求	相关理论知识要求
1. 备料	（1）读图与绘图	1）能够绘制双曲度蒙皮、整流罩、凸凹曲线弯边等零件加工工步图纸。 2）能利用绘图软件绘制平板、弯曲角材等零件	①双曲度蒙皮、整流罩、凸凹曲线弯边等零件加工难点分析。 ②常用绘图软件的种类。 ③二维、三维绘图软件的操作方法
	（2）画线与放样	能用平行线、三角形、射线等展开方法绘制展开图	①平行线展开方法。 ②三角形展开方法。 ③射线展开方法。 ④其他展开方法
2. 成型	（1）手工成型	1）能依据铆装、部装需求，完成双曲率带板、蒙皮、腹板、框、梁等零件成型。 2）能使用手工工具完成异形曲面零件的手工成型。 3）能对异形曲面零件进行工艺分析，提出可行的工艺实施方案或改进建议	①材料应力改变的基础知识。 ②常用板材塑性变形的基本规律。 ③钣金零件变形的性质。 ④装配的基本方法和要求
	（2）机械成型	1）能在新淬火状态下完成零件（2A12、TH0.5 mm、带有翻边孔和加强筋的平面腹板、1 000 mm×1 000 mm）成型。 2）能对异形曲面零件提供工艺加工思路，具备较强技术攻关能力。 3）能给出框类、型材类、蒙皮类零件回弹补偿量经验值。 4）能完成重叠拉形工作。 5）能完成紧箍拉形、加上压拉形蒙皮类零件加工。 6）能使用充液成型机完成异形零件成型。 7）能够对现有设备加工能力深度开发	①橡皮成型、压弯、绕弯、拉弯等相关模具设计方法。 ②不同成型工艺的回弹控制方法。 ③技术攻关的组织与管理。 ④重叠拉形适用范围、操作方法和消除故障的方法。 ⑤防止拉形出现滑移线、橘皮的方法。 ⑥减少拉形摩擦力的方法。 ⑦紧箍拉形适用范围、操作方法和消除故障的方法。 ⑧加上压拉形适用范围、操作方法和消除故障的方法。 ⑨起皱的控制和利用。 ⑩设备的二次开发与应用

职业功能	工作内容	技能要求	相关理论知识要求
3. 校型	（1）手工校形	1）能使用手工工具对淬火后的平板零件（2A12、TH0.5 mm、1 000 mm×1 000 mm）校形。 2）能使用手工工具对异形零件进行校形。 3）能使用手工工具对变形量超差较大的焊接、化铣和机加零件变形进行校形。 4）能对铆装、部装变形量超差较大的零件校形	①封闭焊接零件变形的主要故障与消除方法。 ②多曲率化铣零件变形的主要故障与消除方法。 ③框板机加零件变形的主要故障与消除方法。 ④铆装、部装组件结构知识。 ⑤铆装、部装作业现场多余物管理要求。 ⑥受限空间作业知识
	（2）机械校形	1）能使用橡皮液压机对异形曲面零件校形。 2）能使用异形曲面成型机、碾光机（滚轮）等常用设备对异形曲面零件校形。 3）能根据零件材料、形状结构等因素组合使用校形设备完成校形。 4）能够使用通用设备、自制设备对异形零件校形。 5）能使用喷丸机消除马鞍形变形	①橡皮成型设备加工能力的开发与应用。 ②机械校形设备的特点、加工能力与组合使用。 ③其他专业与钣金专业的联合加工知识。 ④设备设计与制造知识。 ⑤马鞍形故障消除方法。 ⑥喷丸机校形能力的深度开发
4. 质量检验	（1）开工前检查	1）检查图纸的版次与工艺文件上的版次、批架次是否一致。 2）零件图号、工装号、材料牌号、规格、状态、工艺余量、表面处理是否一致。 3）工装外观、线迹、标记是否完好。 4）零件数量是否一致。 5）工装和工艺文件是否贯彻设计更改	①工艺文件应知应会知识。 ②常用材料的牌号、规格、状况及检查方法。 ③模具使用、定检、保管和完好性检查方法。 ④样板使用、定检、保管和完好性检查方法。 ⑤设计更改贯彻实施文件要求。 ⑥表面质量文件要求
	（2）外形尺寸、贴胎度、表面质量检验	1）能够全面准确分析产品质量问题产生的原因，能够独立提出解决问题的见解。 2）能根据不同工艺、材料结构的零件采取合适的检测方法。 3）能实现自己加工的零件自己检验并交付	①产生产品质量问题原因及解决方法。 ②不同工艺、材料、结构的零件检测要求。 ③自主/兼职检验的相关要求
5. 新技术应用	新技术应用	1）能学习、应用、推广本职业内新设备、新工艺、新材料、新技术。 2）能将取得的技术成果进行推广、试验成果的工程化	①国内新设备、新工艺、新材料、新技术的应知应会。 ②国外行业内新设备、新工艺、新材料、新技术的应知应会。 ③技术成果、试验成果的推广方法

职业功能	工作内容	技能要求	相关理论知识要求
6. 培训指导	（1）指导操作	1）能够指导初级工、中级工、高级工与技师实际操作。 2）能够将提质提效的方法进行推广	①培训教学基本方法。 ②培训讲义的编制方法。 ③组织管理学员的方法。 ④技能鉴定知识。 ⑤撰写技术论文知识
	（2）理论培迎	能教授本专业的技术、技能理论知识	
7. 管理	（1）质量管理	1）能够推广质量分析工具、管理工具的应用。 2）对质量管理存在风险进行识别，制定有效规避措施	①质量分析工具的应用。 ②质量管理工具的应用。 ③质量管理风险的种类。 ④质量管理风险预防方法
	（2）专业发展规划	1）能提出专业发展规划建议。 2）能提出工艺布局改进建议	①国内、国际钣金专业发展动态。 ②合理工艺布局的优缺点

1.7.2 权重表

1.7.2.1 理论知识权重表

理论知识权重表见附表 1-14。

附表 1-14 理论知识权重表

项目	技能等级	一级 / 高级技师 /%
基本要求（40 分）	职业道德	5
	基础知识	20
	四新知识	15
相关知识要求（60 分）	备料	5
	成型	15
	校形	15
	质量检验	5
	新技术应用	10
	培训指导	5
	管理	5
合计		100

1.7.2.2　技能要求权重表

技能要求权重表见附表 1-15。

附表 1-15　技能要求权重表

项目	技能等级	四级 / 高级技师 /%
技能要求	备料	10
	成型	25
	校形	25
	质量检验	10
	新技术应用	10
	培训指导	15
	管理	5
合计		100

参 考 文 献

[1] 王海宇.飞机钣金工艺学［M］.西安：西北工业大学出版社，2011.

[2] 李磊，唐日晶.冷作钣金工操作技能实训图解［M］.济南：山东科学技术出版社，2007.

[3] 汉锦丽.飞机钣金工理论与实训［M］.西安：西北工业大学出版社，2014.

[4] 《职业技能培训MES系列教材》编委会.铆装钳工技能［M］.3版.北京：航空工业出版社，2008.

[5] 王云渤，张关康，冯宗律，等.飞机装配工艺学（修订本）［M］.北京：国防工业出版社，1990.

[6] 虞浩清，姜泽锋，等.飞机结构图纸识读与常用维修手册使用［M］.2版.北京：清华大学出版社，2013.

[7] 《航空制造工程手册》总编委会.航空制造工程手册：飞机钣金工艺［M］.北京：航空工业出版社，1992.

[8] 杨海明.冷作钣金工［M］.北京：化学工业出版社，2009.

[9] 宋智斌.钣金工快速入门［M］.北京：国防工业出版社，2007.